品读生活 | 优享人生

含章新实用
凤凰含章
phoenix-HanZhang

怀孕坐月子

营养餐全书

于雅婷 于松 主编

江苏凤凰科学技术出版社

图书在版编目（CIP）数据

怀孕坐月子营养餐全书 / 于雅婷, 于松主编 . -- 南京 : 江苏凤凰科学技术出版社, 2019.6
ISBN 978-7-5713-0329-7

Ⅰ . ①怀… Ⅱ . ①于… ②于… Ⅲ . ①妊娠期—妇幼保健—食谱②产褥期—妇幼保健—食谱 Ⅳ . ①TS972.164

中国版本图书馆 CIP 数据核字 (2019) 第 095741 号

怀孕坐月子营养餐全书

主 编	于雅婷 于 松
责 任 编 辑	樊 明 祝 萍
责 任 校 对	郝慧华
责 任 监 制	曹叶平 方 晨

出 版 发 行	江苏凤凰科学技术出版社
出 版 社 地 址	南京市湖南路 1 号 A 楼，邮编：210009
出 版 社 网 址	http://www.pspress.cn
印 刷	北京博海升彩色印刷有限公司

开 本	718mm × 1000mm 1/12
印 张	20
插 页	1
版 次	2019 年 6 月第 1 版
印 次	2019 年 6 月第 1 次印刷

| 标 准 书 号 | ISBN 978-7-5713-0329-7 |
| 定 价 | 49.80 元 |

　　当妈妈是上天恩赐给女性的幸福，那种被爱猛然击中的感觉美妙无比。从怀孕到哺育，是女性人生旅途中的一段非常时期，也是孕育生产一个新生命的宝贵时间。孕产妇的生理代谢和一般人不同，需要很好的营养补给，胎儿和婴儿也需要均衡、丰富的营养。为了适应这一系列的变化，孕产妇会有特殊的营养需求。

　　如果营养供给不足，会影响母体的健康、胎儿以及婴儿的正常发育。例如，如果母体蛋白质摄取不足，会影响怀孕、分娩、分泌乳汁的系列过程，胎儿的身长以及体重会低于正常标准值，严重者还会出现智力发育障碍；如果母体摄取钙质不足，孕产妇会出现骨质软化、牙齿松动等症状，进而影响胎儿及新生儿的骨骼和牙齿发育；如果母体摄取铁质不足，孕产妇易出现贫血现象，胎儿体内铁含量不足，导致出生后出现贫血。

　　营养不足，对孕产妇及婴幼儿的健康不利，但不加节制地摄入过多的营养，对孕产妇的健康也是有百害而无一利的。过度摄取营养物质，会引起孕产妇肥胖和胎儿过大，严重者不仅会引起妊娠中毒症，还会给正常分娩造成困难。

　　因此，孕产妇既要加强营养，又要适当有度，讲究营养均衡，才能拥有健康的好身体，为孕期健康和顺利分娩打下良好基础。

　　针对孕产妇不同时期的特点和营养的需求，我们给孕产妇提供了一套科学营养和保健并重的食谱。

　　本书结合众多营养专家的建议，从孕早期、孕中期、孕晚期、月子期、哺乳期五个不同时期，为孕产妇提供了既符合她们口味，又满足她们营养需求的健康食谱，以保证母婴健康。书中食谱烹调技巧简单，营养搭配科学，由专家精心挑选，小食材体现大健康。相信通过本书，您能在孕育生产过程中吃出健康、吃出营养，更好地迎接可爱宝宝的到来。

　　最后祝愿每一位孕产妇都能顺利孕育出健康可爱的宝宝。

目录　CONTENTS

CHAPTER 01 | 孕早期（1~12周）饮食

CHAPTER **02** | 孕中期（13~27周）饮食

注: 本书某些菜谱中的一些食材, 如芹菜叶、鲜花、葱丝、黄瓜片、胡萝卜片等, 因只做装饰用, 读者可根据需要取舍或更换, 故未在材料及做法中详述。

CHAPTER 01

孕早期
（1~12周）饮食

孕早期即怀孕后1~12周，胚泡刚刚着床不久，孕妈妈身体处于敏感时期。这个时期的饮食既要清淡，让孕妈妈有胃口，还要注意营养，以保证胎儿的正常生长发育。本章介绍一些适合孕早期吃的菜式，简单易学且营养丰富。

孕早期饮食指导

怀孕初期，很多孕妈妈面对琳琅满目的食物不知该如何选择，既怕吃多了长胖，后期瘦身困难；又怕吃少了缺营养，影响腹中宝宝的健康；更怕吃错了食物，对宝宝造成伤害。下面我们就有针对性地为大家介绍一下孕妈妈在孕早期饮食上的注意事项。

保证优质蛋白

优质蛋白对孕妈妈而言非常重要。除了孕妈妈自身因怀孕产生的生理变化，需要蛋白质补充营养外，孕早期胚胎从胚泡发育至胎儿的过程中，也会从孕妈妈身体中汲取蛋白质储存。因此孕早期孕妈妈的蛋白质摄入量上不能低于孕前。

我们建议孕妈妈选择好消化，易吸收的优质蛋白质，如畜禽肉类、乳制品类、蛋类、鱼类及豆制品类等食物。

整体而言，孕妈妈每日对蛋白质的摄取量在 40 克左右较为合适，相当于 200 克的米或面，加上一枚鸡蛋和 50 克瘦肉。这样就能基本维持孕妈妈体内的蛋白质平衡了。

不可或缺的碳水化合物

碳水化合物是人体能量的重要来源。营养专家普遍认为，人们每天摄入的 50%~60% 的热量应来自碳水化合物。

对孕早期的孕妈妈而言，碳水化合物不仅是孕妈妈自身新陈代谢的维持者，更是腹中宝宝发育最初的能量提供者。

碳水化合物的来源很多，主要有糖类、谷物类食物，如大米、面食，用玉米、燕麦等做成的食物；水果类，如甘蔗、西瓜、香蕉、葡萄等；各类干果，根茎类蔬菜，如胡萝卜、红薯等。

需要注意的是，孕早期腹中宝宝所需能量并不多，孕妈妈不需要额外补充碳水化合物，进食量与平日相仿即可，否则，过多的碳水化合物会变成孕妈妈体内令人烦恼的脂肪。

关注矿物质和维生素

孕早期如果缺乏了某些矿物质和维生素，胎宝宝容易出现生长迟缓的现象，甚至在骨骼和内脏发育上出现问题，所以，孕妈妈对矿物质和维生素的需求是必不可少的。

一般而言，富含锌、铜、铁、钙等矿物质的食物都是有益的孕期营养补充剂，如畜禽的肉及内脏，核桃等

坚果，以及黑、白芝麻等。乳制品类、豆类、海产品类等食物的含钙量较为丰富，也适合孕早期的孕妈妈经常食用。蔬菜和水果中的维生素含量较高，那些孕吐严重的孕妈妈则更应该多吃些新鲜蔬菜和水果。

手边常备健康零食

孕妈妈在白天尽量不要空腹。空腹除了影响心情，还易加重恶心、呕吐等现象，因此，孕妈妈应该在手边经常备些易消化的健康零食，如上文提到的新鲜瓜果等。那些油腻类不易消化的食物和辛辣类刺激性强的食物则应尽量避免，以防因消化不良引起更严重的孕吐或引发便秘症状。

应对恼人的孕吐

怀孕早期，大多数孕妈妈都会出现恶心、呕吐、食欲不振等症状，尤其在每日清晨及饭后更为明显。

为了减轻孕吐症状，孕妈妈可以将固体食物与液体食物分开进食，在吃完正餐后，隔一段时间再喝水或汤。或者减少一日三餐的进食量，额外添加两三次辅食，少食多餐的进食方式可以在一定程度上缓解孕吐。孕吐后的孕妈妈不要马上进食，休息一会儿再适量进食，以满足一天的身体营养所需。

需要提醒的是，那些呕吐严重的孕妈妈，应该及时去医院就诊，通过输液补充营养。

我们会在下文详细剖析孕吐现象的由来和更多的应对方法。

总之，孕早期，孕妈妈应多选择一些天然、健康的食物，不喝或尽量少喝酒精、咖啡类刺激性饮品。平常的饮食以清淡、爽口为基础，在烹调方式上做到多样化，通过少食多餐来缓解孕早期的身体不适，顺利度过孕期第一阶段。

孕早期呕吐怎么办

孕吐也叫"晨吐"，是早孕反应的一种症状。妊娠以后，大约从第5周开始（也有更早开始的）会发生孕吐，特别是在早上和晚上会出现恶心、呕吐的症状。

孕早期呕吐的原因

孕吐主要发生在怀孕的前几个月。某些因素也会增加孕吐的概率，如胎儿超重或多胞胎等。孕吐是生物界保护腹中生命的一种本能，这种本能能够让人提早察觉可能伤害胎儿的各种病菌或有害物质，以确保这些东西不会进入体内，例如含有微生物或病原体的食物（如肉类），以避免给胎儿带来潜在的危险。

一旦怀孕，母体内激素就会急剧变化。大多数专家认为是孕妈妈怀孕后体内激素的增加刺激了大脑，从而引起呕吐。

由于激素的激增，女性怀孕期间的嗅觉和对气味的敏感度提高了。比如，有人在相隔好几个房间的地方煎香肠，一个刚刚怀孕的女性也能闻得到这种气味，并立刻引起恶心反应，这种现象并不少见。这种敏感性也可能是雌激素水平升高所导致的。

如何缓解孕期呕吐

怀孕早期有很多孕妈妈都有恶心、呕吐的症状，这是怀孕期间的正常表现。虽然如此，孕吐或多或少会影响到孕妈妈的正常休息和生活，那么，该如何减轻这种不适呢？

酸味食物可以减轻孕吐。孕妈妈可以多吃一些酸味食物，缓解孕吐。因为酸味食物能刺激胃酸分泌，提高消化酶活性，促进胃肠蠕动，从而增进食欲，减轻孕吐。柠檬富含维生素 C，有开胃之效。孕妈妈可以自制些苹果柠檬汁饮用，既可缓解孕吐，又可补充维生素和矿物质。孕妈妈还可以在早晨起床后嗅一嗅柠檬皮，有助于缓解孕吐。需要注意的是，柠檬较酸，胃酸分泌较多者和胃溃疡患者要少吃。

多吃土豆可缓解孕吐。土豆含有丰富的碳水化合物，同时还含有较多的维生素 B_6，能避免早孕反应的加重。因此怀孕早期的女性不妨多吃些土豆，既可帮助缓解厌食油腻、呕吐的症状，也有助于防治妊娠高血压。

良好的饮食习惯可以帮助减少孕吐。怀孕早期的膳食原则以清淡、少油腻、易消化为主，要少食多餐，每隔 2 ~ 3 个小时进食一次。妊娠恶心、呕吐多在清晨空腹时较重，为减轻孕吐反应，可吃些较干的食物，如烤馒头片、面包片、饼干等。此外，怀孕早期的女性每天至少要摄入 150 克以上的碳水化合物，以避免因饥饿引起身体不适。

孕早期饮食禁忌

忌滥补维生素

孕期维生素的摄入量要有所增加，但只要饮食正常，孕妈妈一般都可从食物中获取足够的维生素。若整个孕期持续大补各种维生素制剂，有时反而会带来不良后果。滥补维生素可能会对胎儿的神经管造成影响，导致其大脑发育受阻。

忌偏食

孕妈妈在孕早期容易出现偏食现象，如只吃植物食品或偏爱某种单一的食品，这是可以理解的。但是不能整个孕期都吃素食或某些食品，这样会导致营养缺乏而危害胎儿健康。素食一般含维生素较多，但普遍缺乏一种叫牛磺酸的营养成分。动物食品大多含有牛磺酸，因此孕妈妈应该吃一些动物食品，此外还应吃一些鸡蛋，喝一些牛奶，使胎儿有足够的营养补给。

由于生活水平的提高，人们对精米、精面食用量增加，而忽略了未经过细加工的食品及粗粮的摄入。要知道，许多人体必需的微量元素都存在于那些未经过细加工的食品和粗粮中，如果孕妈妈只食用精制米面，易造成营养缺乏症，并由此引起一些疾病的发生。

忌饮含咖啡因的饮料

咖啡因具有使人兴奋的作用，孕妈妈在孕早期饮用含咖啡因的饮料会刺激胎动增加，甚至危害胎儿的生长发育。如果孕妈妈嗜好咖啡，会影响胎儿的骨骼发育，诱发胎儿畸形，甚至会导致死胎；孕妈妈在妊娠期间，最好停止饮用咖啡和其他含咖啡因的饮料。如果精神不

佳的话，可以多到室外呼吸新鲜空气。

忌贪吃冷饮

孕妈妈的胃肠对冷热的刺激非常敏感，多吃冷饮会使胃肠血管突然收缩，胃液分泌减少，消化功能降低，从而引起食欲缺乏、消化不良、腹泻等，甚至引起胃部痉挛，出现腹痛等症状。

孕妈妈的鼻、咽、气管等呼吸道黏膜常常充血，并有水肿现象。如果孕妈妈大量贪食冷饮，充血的血管就会突然收缩，血流减少，可致局部抵抗力降低，使潜伏在咽喉、气管、鼻腔、口腔里的细菌与病毒乘虚而入，引起咽喉痛哑、咳嗽、头痛等症状，严重时还会诱发上呼吸道感染或扁桃体炎等。

吃冷饮除可使孕妈妈发生以上病症外，也会使胎儿受到一定影响。有人发现，胎儿对寒冷的刺激很敏感。当孕妈妈喝冷水或吃冷饮时，胎儿会在子宫内躁动不安。

孕早期的必备营养素

叶酸

随着叶酸在膳食中的重要性逐渐被认识，特别是叶酸与胎儿出生缺陷、心血管疾病及肿瘤关系的研究逐步深入，叶酸已成为极为重要的营养素。它可为胎儿提供细胞发育过程中所必需的营养物质，保障胎儿神经系统的健康发育，增强胎儿的脑部发育；预防新生儿贫血，降低新生儿患先天白血病的概率；还能提高孕妈妈的生理功能，提高抵抗力，预防妊娠高血压等。

因此，孕早期注意事项中最重要的一点，就是孕妈妈一定要补充叶酸。整个孕期，孕妈妈对叶酸的需求量是怀孕前的 1.5~2 倍。孕早期，每天服用 0.4mg 叶酸，可以大大降低胎儿神经管畸形的发生率，有效预防新生儿缺陷。

食物来源：天然叶酸广泛存在于动植物类食品中，如橘子、草莓、樱桃、香蕉、柠檬、桃子、李子等水果；小白菜、扁豆、菠菜、西红柿、胡萝卜、南瓜等蔬菜；猪肝、羊肝等动物内脏；牛肉、羊肉、鸡肉等肉类；全麦面粉、大麦、米糠、小麦胚芽、糙米等粮食作物；核桃、腰果、板栗、杏仁、松子等坚果。

碘

　　碘是孕妇不可缺少的营养物质。怀孕期间，孕妈妈需要摄入比平常多 30%~100% 的碘。孕妇缺碘易出现甲状腺肿大症状，并影响胎儿的发育，严重时新生儿会出现"克汀病（缺碘导致的大脑与中枢神经系统发育障碍）"。

　　但是，缺碘固然会影响孕妈妈与胎宝宝的健康，碘过量一样会造成危害，因此，最佳方式还是在日常饮食中获取身体所需的碘。

　　食物来源：日常生活中，有很多食物都富含碘，如海带、紫菜、海鱼以及其他海产品，孕妈妈每周食用一次即可满足需要。

维生素 A

　　维生素 A 能够帮助孕妈妈吸收铁元素，增强其体力和免疫力，并能促进胎宝宝的身体发育，帮助胎宝宝预防先天性视力缺陷。

　　食物来源：胡萝卜、芒果、莲藕等蔬菜，猪肝、羊肝等动物肝脏。

维生素 B₁

怀孕期间的女性消化道张力减弱，容易发生恶心、呕吐、食欲缺乏等妊娠反应，此时适当补充一些维生素 B₁，对减轻这些不适是很有帮助的。维生素 B₁ 不仅对神经系统组织和精神状态有调节作用，还参与碳水化合物的代谢，对维持胃肠道的正常蠕动、消化腺的分泌、心脏和肌肉等的正常生理功能起着重要作用。胎宝宝也需要维生素 B₁ 来帮助生长发育，维持正常的代谢。

食物来源：维生素 B₁ 的食物来源主要为葵花籽、花生、大豆粉、猪瘦肉；其次是小麦粉、玉米、小米、大米等谷类食物；发酵生产的酵母制品中含有丰富的 B 族维生素；动物内脏如猪肾、猪心、猪肝，蛋类如鸡蛋、鸭蛋。绿叶蔬菜如芹菜叶、莴笋叶中维生素 B₁ 的含量也比较高。

维生素 B₂

维生素 B₂ 在孕早期的作用非常大，孕妈妈要有意识地摄取富含维生素 B₂ 的食物。孕妈妈妊娠期缺乏维生素 B₂，会造成碳水化合物、脂肪、蛋白质、核酸的能量代谢无法正常进行，在孕早期会诱发妊娠呕吐；在孕中期会引发口角炎、舌炎、唇炎、眼部疾病等。维生素 B₂ 缺乏对胎儿的影响主要发生于器官形成期，而孕中晚期危害比孕早期要小。

食物来源：维生素 B₂ 广泛存在于动物与植物性食物中。动物性食物中的维生素 B₂ 含量较高，尤以肝脏、心脏、肾脏为甚，奶类和蛋黄也能提供相当数量的维生素 B₂，而谷类和蔬菜也是维生素 B₂ 的主要来源。

白菜香菇炒山药

主料

白菜 250 克，香菇 40 克，山药 100 克，彩椒 40 克

配料

盐 3 克，食用油适量

做法

❶ 白菜洗净，竖切条；香菇泡发，洗净切丝；山药去皮，洗净，切丝。

❷ 彩椒洗净，切丝。

❸ 锅中倒油烧热，下香菇和山药翻炒片刻，加入白菜和彩椒丝炒熟。

❹ 加盐炒匀即可。

滋补保健功效

本品清新爽口，其中香菇富含 B 族维生素、铁、钾、维生素 D 等营养素，很适合食欲不振的孕妈妈食用。

白菜金针菇

主料

白菜 250 克，金针菇 100 克，水发香菇 20 克，彩椒 10 克

配料

盐 3 克，食用油适量

做法

➊ 白菜洗净，撕大片；香菇洗净切块；金针菇去尾，洗净；彩椒洗净，切丝备用。

➋ 锅中倒油加热，先后下香菇、金针菇、白菜翻炒至熟。

➌ 加入盐，炒匀装盘，撒上彩椒丝即可。

滋补保健功效

　　本品菇香菜嫩，清淡可口。其中的金针菇富含 B 族维生素、维生素 C、胡萝卜素等多种营养物质，很适合孕妈妈食用。

陈醋娃娃菜

主料

娃娃菜 400 克，红椒圈少许

配料

白糖 3 克，陈醋 10 毫升，香油适量

做法

➊ 将娃娃菜洗净，改刀，入水中焯熟。

➋ 用白糖、香油、陈醋调成味汁。

➌ 将味汁倒在娃娃菜上，撒红椒圈装饰即可。

滋补保健功效

　　本品酸甜可口，能很好地缓解孕吐，很适合早孕反应比较强烈的孕妈妈食用。其中的娃娃菜药用、食用价值俱高，有养胃生津、利尿通便的作用。

草菇焖土豆

主料

土豆 300 克，草菇 80 克，西红柿 80 克

配料

番茄酱 30 克，盐 3 克，食用油适量

做法

❶ 土豆洗净去皮切块；草菇洗净切片；西红柿洗净，切成滚刀块。

❷ 锅中加油烧热，加入土豆块、西红柿、草菇和番茄酱一起炒。

❸ 加适量水焖至八成熟时放盐，调好味，焖熟即可。

滋补保健功效

本品香嫩酥软、鲜香可口。其中的草菇有促进食欲、补脾益气的功效，适合食欲不佳的孕妈妈食用。

苹果草鱼汤

主料

草鱼 300 克，苹果 200 克，葱段 3 克，姜丝 2 克，桂圆肉干适量，豆苗适量，彩椒丁适量，高汤适量

配料

食用油少许，盐少许

做法

❶ 将草鱼处理干净，切块；桂圆肉干、豆苗洗净备用。

❷ 苹果洗净，去皮、核，切块。

❸ 净锅上火倒入油，将葱、姜、彩椒丁爆香，下入草鱼微煎，倒入高汤，调入盐，再下入苹果、桂圆肉干煲至熟，出锅用豆苗装饰即可。

滋补保健功效

本品甜咸适中、营养丰富，有滋补身体、提高免疫力之功效。草鱼含有丰富的不饱和脂肪酸和硒元素，是孕早期孕妈妈的滋补佳品。

韭菜花猪血

主料

韭菜花 20 克，猪血 150 克，姜 1 块，彩椒 1 个，蒜 5 克，上汤 200 毫升

配料

盐 5 克，食用油适量

做法

❶ 将猪血洗净切块；韭菜花洗净切段；姜洗净切片；蒜去皮洗净，切片；彩椒洗净切块。

❷ 锅中加水烧开，放入猪血焯烫，捞出沥水。

❸ 油烧热，爆香蒜、姜、彩椒，加入猪血、上汤、盐煮入味，再放入韭菜花煮片刻即可。

滋补保健功效

　　本品味美滑嫩，其中的猪血富含维生素 B_2、蛋白质、铁、磷、钙等营养成分，可为孕妈妈提供多种营养。

姜片海参鸡汤

主料

海参 3 只，鸡腿 150 克，姜 5 克

配料

盐 5 克

做法

❶ 鸡腿洗净，剁块，入开水中汆烫后捞出，备用；姜洗净切片。

❷ 海参自腹部切开，洗净腔肠，切大块，汆烫，捞起。

❸ 煮锅加适量的水煮开，加入鸡块、姜片煮沸，转小火炖约 20 分钟，加入海参续炖 5 分钟，加盐调味即成。

滋补保健功效

　　本品浓郁香滑、营养丰富，很适合孕妈妈滋补身体之用。其中的海参不仅是珍贵的食材，还是珍贵的药材，有强身健体、提高免疫力的作用。

橙子南瓜鸡煲

主料

橙子 50 克，南瓜 80 克，鸡肉 175 克，葱花 3 克，枸杞子适量

配料

盐 2 克，白糖 2 克

做法

❶ 橙子、南瓜洗净切块。

❷ 鸡肉斩块氽水。

❸ 煲锅上火倒入水，调入盐、白糖，下入橙子、南瓜、鸡肉、枸杞子煲至熟，撒上葱花即可。

滋补保健功效

本品酸甜适中、口味馨香，适合孕期女性滋补身体之用。其中的橙子气味清新，还能提高食欲。

橙汁山药

主料

山药 300 克，橙汁 100 毫升，枸杞子 3 克

配料

白糖 5 克，淀粉 25 克

做法

❶ 山药洗净，去皮，切条，入沸水中焯熟，捞出，沥干水分装盘。

❷ 枸杞子稍泡备用。

❸ 橙汁倒入锅内加热，加白糖，用淀粉加少许水勾芡成汁。

❹ 将橙汁淋在山药上，腌渍入味，放上枸杞子即可。

滋补保健功效

本品鲜香脆嫩、软绵可口，很适合孕早期恶心、呕吐、胃胀的孕妈妈食用。需要注意的是，避免一次性食用过多，宜少食多餐。

板栗煨鸡

主料
带骨鸡肉 350 克，板栗仁 100 克，葱段 5 克，姜片 3 克，红椒碎 2 克，肉清汤适量

配料
盐适量，食用油适量

做法
① 鸡肉洗净剁成块；油锅烧热，入板栗仁炸成金黄色，倒入漏勺沥油。

② 再热油锅，下鸡块煸炒，放姜片、盐、肉清汤，焖 3 分钟；加板栗仁，续煨至软烂；加葱段、红椒碎稍作点缀，出锅装盘即成。

滋补保健功效
　　本品鸡肉鲜嫩，板栗粉糯，鲜美可口。其中的板栗还能补益肾气，增强抵抗力，很适合孕早期的女性食用。

什锦芦笋

主料
无花果 80 克，鲜百合 80 克，芦笋 100 克，冬瓜 80 克，胡萝卜片 10 克

配料
食用油适量，盐适量

做法
① 将芦笋洗净切斜段，下入开水锅内焯熟，捞出控水备用。

② 鲜百合洗净掰片；冬瓜洗净切片；无花果洗净。

③ 油锅烧热，放芦笋、冬瓜煸炒，下入百合、无花果、胡萝卜片炒片刻，加盐调味，装盘，用芦笋段装饰即可。

滋补保健功效
　　本品清新爽口，常食有增强免疫力之功效。其中的芦笋含有天门冬酰胺和微量元素硒、钼、铬、锰等，可提高孕妈妈的身体免疫力。

金针菇炒鸡蛋

主料
金针菇 300 克，鸡蛋 3 个，胡萝卜丝 15 克，葱段 5 克

配料
盐适量，食用油适量

做法
❶ 将鸡蛋打散，放入油锅中煎成蛋饼，切成长条；金针菇洗净撕散。

❷ 锅内加油烧热，将金针菇滑炒至熟，放葱段、胡萝卜丝、鸡蛋翻炒。

❸ 撒入盐，翻炒均匀即可。

滋补保健功效

　　本品鲜香脆嫩，有健脾益胃的作用。其中的鸡蛋含有丰富的卵磷脂、固醇类以及钙、磷、铁等营养成分，适合体力不足的孕妈妈食用。

鲢鱼豆腐汤

主料

鲢鱼 350 克，冻豆腐 125 克，杏仁 25 克，姜片 2 克，枸杞子 1 克，豆苗少许

配料

盐 3 克，食用油适量

做法

1. 将鲢鱼冲洗干净后斩块；冻豆腐洗净切块；杏仁、枸杞子洗净备用。

2. 汤锅上火倒入油，放入姜炝香，下入鲢鱼稍煎一下，倒入水烧沸，调入盐，下入冻豆腐、杏仁、枸杞子，小火煲至熟。

3. 出锅装碗，用豆苗装饰即可。

滋补保健功效

本品味美滑嫩，有增强免疫力之功效。其中鲢鱼肉质鲜嫩，营养丰富，有温中益气、滋补身体的作用，很适合孕妈妈食用。

双花菌菇煲

主料

西蓝花 75 克，菜花 75 克，菌菇 80 克，鸡胸肉 50 克，彩椒丁适量，高汤适量

配料

盐 2 克

做法

1. 将西蓝花、菜花洗净掰成小朵；菌菇洗净切块；鸡胸肉洗净切块，氽水备用。

2. 净锅上火，倒入高汤，下入西蓝花、菜花、菌菇、鸡胸肉，调入盐，煲至熟，撒上彩椒丁即可。

滋补保健功效

本品清鲜淡爽，很适合孕早期不喜油腻的孕妈妈食用。其中的西蓝花营养丰富，含蛋白质、维生素以及胡萝卜素，营养成分居同类蔬菜之首，有"蔬菜皇冠"之美誉。

肉末炒小白菜

主料

猪瘦肉 100 克，小白菜 300 克

配料

盐 3 克，食用油适量，水淀粉 15 毫升

做法

❶ 猪瘦肉洗净，剁成末，加少许盐、水淀粉搅拌均匀；小白菜洗净，切段。

❷ 锅注油烧热，放入猪瘦肉末煸炒至熟，装盘；锅注油烧热，放入小白菜段翻炒至熟，放入肉末炒匀。

❸ 最后调入剩余盐，装盘即可。

滋补保健功效

　　本品鲜香脆嫩，有增强免疫力之功效。其中的小白菜含有丰富的维生素和矿物质，有助于增强孕早期孕妈妈的免疫力。

葡萄干土豆泥

主料

土豆 200 克，葡萄干 15 克，香菜叶少许

配料

蜂蜜少许

做法

❶ 把葡萄干放温水中泡软。

❷ 把土豆洗干净去皮，然后放入容器中上锅蒸熟，趁热做成土豆泥。

❸ 将土豆泥与葡萄干一起放入盘中，加适量的水，放入蒸锅蒸 10 分钟，加入蜂蜜，用香菜叶装饰即可。

滋补保健功效

　　本品软糯可口，有补血养颜、健脾益气之功效。葡萄干中的铁含量十分丰富，是孕妈妈的滋补佳品。

杏脯炒山药

主料

山药 300 克，红椒圈 5 克，杏脯 8 克

配料

白糖适量，盐适量，食用油适量

做法

① 山药去皮，洗净，切长条，放入沸水中煮至断生，捞出沥干水分。

② 锅中放油烧热，放入杏脯、山药翻炒 3 分钟。

③ 加白糖、盐调味，撒上红椒圈装饰即可。

滋补保健功效

　　本品清新爽口，有缓解孕吐的作用。其中的山药清脆爽口；杏脯有促进消化液分泌的作用，能增进食欲，很适合孕期呕吐反应强烈的孕妈妈食用。

粉丝蒸娃娃菜

主料

娃娃菜 300 克，粉丝 100 克，酸菜 20 克，彩椒 5 克，葱 15 克

配料

盐 3 克，酱油 5 毫升，蚝油 5 毫升

做法

① 娃娃菜洗净，切成四瓣，装盘；粉丝泡发，洗净，置于娃娃菜上；酸菜洗净切末，置于粉丝上；彩椒、葱洗净切末，撒在酸菜上。

② 盐、酱油、蚝油调成味汁，淋在娃娃菜上。

③ 将盘子置于蒸锅中，蒸 8 分钟即可。

滋补保健功效

　　本品清爽可口、解油腻，有增进食欲、补充膳食纤维的作用。

山药鱼头汤

主料

鲢鱼头 400 克，山药 100 克，枸杞子 10 克，香菜 5 克，葱花 5 克，姜末 5 克

配料

盐 3 克，食用油适量

做法

① 将鲢鱼头冲洗干净，剁成块；山药切成段，浸泡洗净备用；枸杞子、香菜洗净。

② 净锅上火倒入油，爆香葱花、姜末，下入鱼头略煎，加水，下入山药、枸杞子，调入盐煲至熟，撒入香菜即可。

滋补保健功效

　　本品味美滑嫩，有补中益气的作用。温中养胃的鲢鱼和补中益气的山药搭配，是养胃益气之佳肴。孕妈妈食用，有安胎养胎的功效。

百合鱼片汤

主料

草鱼肉 200 克，水发百合 10 克，干无花果 4 颗，荸荠 20 克，葱花适量，枸杞子适量

配料

盐 2 克，香油 3 毫升

做法

① 将草鱼肉洗净切成片；将水发百合洗净；干无花果浸泡洗净；荸荠剥皮洗净，切片。

② 净锅上火，倒入水，调入盐，下入草鱼肉、水发百合、干无花果、枸杞子、荸荠煲至熟烂，淋入香油，撒上葱花即可。

滋补保健功效

　　本品浓郁香滑，有清心润肺的作用，对孕早期孕妈妈来说有良好的滋补功效。

柠檬红枣鸡块汤

主料
鸡腿肉 175 克，柠檬半个，红枣 10 克，枸杞子 1 克，香菜适量

配料
盐 3 克

做法
❶ 鸡腿肉洗净斩块，氽水。

❷ 柠檬洗净切片。

❸ 红枣、枸杞子、香菜洗净备用。

❹ 净锅上火倒入水，调入盐，下入鸡腿肉、柠檬、红枣、枸杞子煲至熟。

❺ 撒上香菜即可。

滋补保健功效

本品清爽可口、不油腻，有开胃消食的作用，很适合孕早期早孕反应强烈的孕妈妈滋补身体之用。

干黄花鱼煲南瓜

主料
干黄花鱼 120 克，南瓜 100 克，香菜 2 克，红椒丝适量

配料
盐少许，香油适量

做法

① 将干黄花鱼洗净浸泡。

② 南瓜洗净，去皮、籽，切方块备用。

③ 净锅上火倒入水，调入盐，下入干黄花鱼、南瓜煲至熟。

④ 淋上香油，撒入香菜、红椒丝即可。

滋补保健功效

　　本品味美滑嫩，常食有提神醒脑、美容养颜之功效。其中的黄花鱼含有丰富的蛋白质、矿物质和维生素，对孕妈妈有很好的补益作用。

山药鸡汤

主料
山药250克，胡萝卜1根，鸡腿1只

配料
盐3克

做法

❶ 山药削皮，洗净，切块；鸡腿洗净剁块，放入沸水中氽烫，捞起，冲洗。

❷ 胡萝卜洗净切块。

❸ 鸡腿肉、胡萝卜先下锅，加水至盖过材料，以大火煮开后转小火炖15分钟。

❹ 下入山药用大火煮沸，改用小火续煮10分钟，加盐调味即可。

滋补保健功效

　　本品浓郁芳香，有增强免疫力的作用。补中益气的山药、鸡肉和有"小人参"之称的胡萝卜搭配，营养更加丰富全面，很适合孕妈妈滋补身体之用。

土豆炒肉片

主料
土豆250克，猪肉100克，彩椒10克，葱段3克

配料
盐3克，食用油适量，水淀粉10毫升

做法

❶ 土豆洗净，去皮，切小块。

❷ 彩椒洗净，切菱形片。

❸ 猪肉洗净，切片，加少许盐、水淀粉拌匀备用。

❹ 油锅烧热，入彩椒、葱段炒香，放肉片煸炒至变色，放土豆炒熟，入剩余盐调味即可。

滋补保健功效

　　本品鲜香可口，常食有增强免疫力的作用。其中的土豆含有丰富的膳食纤维，有促进胃肠蠕动、畅通肠道的作用，很适合孕妈妈食用。

萝卜老鸭汤

主料
老鸭半只，白萝卜 30 克，蒜 5 克，葱段 10 克，姜 10 克，高汤适量

配料
盐 3 克，食用油适量

做法
❶ 将老鸭宰杀洗净，切成块，放入热水中汆去血水，捞出；姜洗净拍裂；蒜去皮洗净，拍裂；白萝卜洗净，切丝。

❷ 锅中入油烧热，依次放入姜、蒜、葱段、白萝卜、老鸭一起炒香，加入高汤。

❸ 大火烧滚，再改小火炖煮至熟烂，加盐调味即可。

滋补保健功效
  本品鲜香脆嫩，有补虚强身的作用。其中的老鸭营养丰富，是滋阴补虚之佳品，适合孕早期孕妈妈滋补之用。

干姜黄精煲鸡

主料
老母鸡 250 克，干姜 5 克，黄精 15 克，彩椒丝 3 克，高汤适量

配料
盐少许

做法
❶ 将老母鸡杀洗干净，剁块汆水。

❷ 黄精洗净备用。

❸ 炒锅上火，倒入高汤，调入盐，下入老母鸡、干姜、黄精煲至熟。

❹ 撒上彩椒丝即可。

滋补保健功效
  本品浓郁香滑、营养丰富。其中黄精含有丰富的蛋白质、胡萝卜素、维生素等多重营养物质；姜则能缓解孕早期的孕吐反应。

彩椒虾仁

主料

凤尾虾仁 300 克，山药 80 克，彩椒丁 30 克，葱段 15 克

配料

盐适量，食用油适量，淀粉适量

做法

❶ 将山药去皮洗净，切小块，放入沸水中焯熟备用。

❷ 葱洗净切小段。

❸ 锅置火上，倒入油，放入葱段、虾仁、彩椒丁、山药翻炒均匀，加入盐，用淀粉加少许水勾芡即可。

滋补保健功效

本品清新爽口，有增强免疫力的功效。富含维生素和胆碱的山药和富含钙质的虾仁搭配，有增强体质、提高免疫力的功效，孕妈妈不妨多食。

莴笋焖腊鸭

主料
腊鸭 350 克，莴笋 200 克

配料
盐 3 克，食用油适量

做法

❶ 腊鸭洗净，斩成小块；莴笋去皮，切成滚刀块备用。

❷ 锅中加油烧热，下入鸭肉炒至干香后，捞出备用。

❸ 瓦罐中加入鸭肉、莴笋及适量清水，以大火煲开，再转小火煲至汤浓，用盐调味即可。

滋补保健功效

　　本品鲜香爽口，有强壮机体的作用。爽口的莴笋搭配香味浓郁的鸭肉，鲜香可口，很适合食欲不佳的孕妈妈食用。

雪梨鸡块煲

主料
鸡腿肉 200 克，雪梨 1 个，芹菜段适量，枸杞子适量

配料
盐 3 克

做法

❶ 将鸡腿肉洗净，斩块，氽水；雪梨洗净去皮，切方块备用。

❷ 净锅上火倒入水，调入盐，下入鸡块、雪梨、芹菜段、枸杞子，煲至熟即可。

滋补保健功效

　　本品清香爽口，常食有养心润肺之功效。其中的雪梨是生津润燥之佳品，搭配鸡肉煲汤，很适合孕妈妈秋季滋补身体之用。

蒜薹炒鸭片

主料

鸭肉 300 克，蒜薹 100 克，姜 2 克

配料

食用油适量，酱油少许，盐 3 克，淀粉少许

做法

❶ 将鸭肉洗净切片备用；姜洗净拍扁，切碎，与酱油、淀粉拌入鸭片备用。

❷ 蒜薹洗净切段，下油锅略炒，加少许盐，炒匀备用。

❸ 锅洗净，热油，倒入鸭片，用小火炒散，再改大火，倒入蒜薹，加少许盐、水，炒匀即成。

滋补保健功效

本品香韧可口，孕妈妈常食可增强免疫力。其中的蒜薹与鸭肉搭配，不仅能增加菜品的口感，减少鸭肉的油腻感，还有预防便秘的作用。

玉米炒蛋

主料

玉米粒 150 克，鸡蛋 3 个，熟肉丁 15 克，青豆 15 克，胡萝卜丁 15 克

配料

盐 3 克，食用油、白糖、白醋、香油各适量，水淀粉 4 毫升

做法

❶ 青豆、玉米粒洗净。

❷ 鸡蛋入碗中打散，加入少许盐和水淀粉调匀。

❸ 热油，倒入蛋液炒熟，捞出；另起油锅，放玉米粒、胡萝卜丁、青豆和熟肉丁炒香，然后放入鸡蛋块炒匀，加少许盐调味即可。

❹ 加入剩余盐、白糖、白醋、香油，一起拌匀即成。

滋补保健功效

　　本品鲜香可口，开胃消食。富含膳食纤维的玉米和高蛋白质的鸡蛋搭配食用，不仅营养丰富，还能加快胃肠蠕动，有促进消化、增进食欲之功效。

玉米炒鸡丁

主料

鸡胸肉 150 克，玉米粒 100 克，彩椒 80 克，姜末 5 克

配料

盐 3 克，食用油适量

做法

❶ 鸡胸肉洗净剁成丁；彩椒洗净去蒂、去籽，切丁。

❷ 将鸡胸肉加少许盐、姜末腌入味，于锅中滑炒后捞起待用。

❸ 锅中加油烧热，炒香玉米粒、彩椒，再入鸡丁炒熟至入味，调入盐，即可起锅。

滋补保健功效

　　本品鲜香脆嫩，有强健身体、增加免疫力之功效。含有大量膳食纤维和天然维生素 E 的玉米与补虚强身的鸡肉搭配，不仅营养美味，还能起到补虚强身、美容养颜的功效。

卤水豆腐煲鸡

主料

卤水豆腐 100 克，茄子 75 克，苦瓜 45 克，鸡胸肉 80 克，彩椒丝 3 克，葱花适量，高汤适量

配料

盐 3 克，香油少许

做法

❶ 将卤水豆腐洗净切块；茄子去皮洗净切块；苦瓜洗净切块，入沸水中焯烫后捞出；鸡胸肉洗净切小块。

❷ 炒锅上火，倒入高汤，下入卤水豆腐、茄子、苦瓜、鸡胸肉煲至熟，调入盐、香油，撒上彩椒丝、葱花即可。

滋补保健功效

本品清香可口，常食有养颜的功效，很适合孕妈妈食用。其中的卤水豆腐不仅口感劲道，而且含有丰富的钙、镁等矿物质，有助于胎儿脑、肝脏、心脏等的发育。

葛菜鱼片汤

主料

草鱼 500 克，葛菜 200 克，姜片 10 克，枸杞子少许

配料

食用油少许，盐 3 克，醋 3 毫升

做法

❶ 将草鱼洗净，剔去鱼骨。

❷ 鱼肉切成大片。

❸ 葛菜洗净切丝。

❹ 锅上火倒入油，将姜炝香，倒入适量水，调入盐、醋，放入葛菜、枸杞子、鱼片煮至熟即可。

滋补保健功效

本品味美滑嫩，孕妈妈常食可增强免疫力。其中的草鱼含有丰富的不饱和脂肪酸和硒元素，不仅能辅助治疗心血管疾病，还能起到美容养颜的作用。

芋头南瓜煲

主料

芋头 300 克，南瓜 200 克，花生仁 50 克，牛奶 100 毫升，鸡汤适量

配料

盐 2 克，香油适量

做法

❶ 将芋头和南瓜去皮洗净，切长条状；花生去衣剁碎。

❷ 砂锅上火，放入芋条、南瓜条，加入鸡汤，调入盐、牛奶，用小火煲熟，待鸡汤快收干时撒上花生仁，淋入香油即可。

滋补保健功效

　　本品鲜香软嫩，常食有健脾益气之功效。其中的芋头含有粗蛋白、维生素、钙等多种营养成分，可增强孕妈妈的体质。

青豆粉蒸肉

主料

青豆 200 克，五花肉 300 克，香菜段 10 克，蒸肉粉适量

配料

盐 3 克，酱油 5 毫升

做法

❶ 将青豆洗净，沥干待用；五花肉洗净，切成薄片，加蒸肉粉、酱油、盐拌匀。

❷ 将青豆放入蒸笼中，五花肉摆在青豆上；将蒸笼放入蒸锅蒸 25 分钟至熟烂时取出。

❸ 撒上香菜段即可。

滋补保健功效

　　本品清醇绵香，有滋补身体的作用。其中的五花肉不仅含有人体必需氨基酸，而且营养比例恰当，适合孕妈妈食用。

清炒芦笋

主料

芦笋 350 克，枸杞子 3 克

配料

盐 3 克，醋 5 毫升，食用油适量，淀粉适量

做法

❶ 将芦笋洗净，沥干水分，切段。

❷ 炒锅加入适量油烧至七成热，放入芦笋、枸杞子翻炒，放入醋炒匀，用淀粉加少许水勾芡。

❸ 最后调入盐，炒入味，装盘即可。

滋补保健功效

　　本品清新爽口，低糖、低脂肪和高维生素，常食有增进食欲、帮助消化的功效，很适合早孕反应强烈、食欲不佳的孕妈妈食用。

猪血煲鱼头

主料

鲢鱼头 300 克，猪血 100 克，白菜 15 克，姜 2 克，蒜片 2 克，香菜段 2 克，彩椒片 2 克，高汤适量

配料

盐适量

做法

❶ 将鲢鱼头洗净斩块。

❷ 猪血、白菜洗净，分别切块、切段。

❸ 净锅上火，倒入水及高汤，调入盐、姜和蒜片，下入鲢鱼头、猪血、白菜煲至熟。

❹ 撒上香菜段、彩椒片即可。

滋补保健功效

本品味美滑嫩，孕妈妈食用有益气补血之功效。其中的猪血富含维生素 B_2、维生素 C、蛋白质、铁、磷、钙等营养成分，有清肠解毒、补血美容的作用。

鸡肉丝瓜汤

主料

鸡胸肉 200 克，丝瓜 175 克，彩椒片少许，清汤适量

配料

盐 2 克

做法

❶ 鸡胸肉洗净切片；丝瓜洗净切片备用。

❷ 锅上火倒入清汤，下入鸡胸肉、丝瓜，调入盐煮至熟，撒上彩椒片即可。

滋补保健功效

本品清鲜淡爽、不油腻，常食有补气强身、美容养颜之功效。其中的丝瓜含有粗纤维、钙、磷、铁等营养物质，适合孕妈妈食用。

银耳香梨煲鸭

主料

老鸭 300 克，香梨 1 个，银耳 8 克，姜 5 克

配料

盐 3 克

做法

❶ 鸭斩块，洗净；香梨切块；银耳泡发后切小朵；姜去皮，切片。

❷ 锅中加水烧沸后，下入鸭块稍余去血水，捞出。

❸ 将鸭块、香梨块、银耳、姜片一同装入炖盅内，加入适量清水，炖煮 40 分钟，调入盐即可。

滋补保健功效

本品馨香爽口，常食有清心润肺、增强免疫力之功效。其中的银耳有补脾健胃、养心安眠的作用，常食可安抚孕妈妈的情绪。

酸奶鸡片汤

主料

鸡脯肉 100 克，银耳 20 克，酸奶 200 毫升，枸杞子适量，葱花适量

配料

盐少许，白糖 3 克

做法

❶ 将鸡脯肉切片，氽水冲净。

❷ 银耳洗净泡发，撕成小块备用。

❸ 煲锅上火，加入水、酸奶，下入鸡肉、银耳、枸杞子，调入盐、白糖烧沸，撒上葱花即可。

滋补保健功效

　　本品浓郁香滑，有增强免疫力之功效。其中的酸奶含有多种活性酶，有促进消化、增进食欲的作用，很适合孕早期无食欲的孕妈妈食用。

芝麻圆白菜

主料
黑芝麻 10 克，圆白菜嫩心 300 克

配料
食用油适量，盐适量

做法

❶ 黑芝麻洗净，入锅内小火慢炒，当炒至黑芝麻发香时盛出晾凉；圆白菜心嫩心洗净，切小片。

❷ 炒锅上火，油烧热，投入圆白菜嫩心炒 1 分钟，加盐，用大火炒至圆白菜熟透发软，起锅装盘，撒上黑芝麻拌匀即成。

滋补保健功效

本品鲜香脆嫩，其中的黑芝麻含有大量的蛋白质、维生素 A、维生素 E、卵磷脂、钙、铁等营养成分，是孕妈妈的滋补佳品。

圆白菜炒虾米

主料
圆白菜 450 克，虾米 50 克

配料
蚝油 5 毫升，盐 2 克，食用油适量

做法
① 将圆白菜洗净，切片；虾米洗净泡软。

② 炒锅放油烧热，放入圆白菜和虾米同炒至熟。

③ 加入盐和蚝油调味，起锅装盘。

滋补保健功效

　　本品鲜香可口，常食有强健骨骼、增强免疫力之功效。爽脆的圆白菜和富含钙质的虾米搭配，对孕妈妈补充钙质有很好的作用，常食还有利于胎儿的骨骼发育。

山药黄瓜煲鸭

主料

鸭块 300 克，山药 150 克，黄瓜 50 克，葱花 5 克，红椒圈 2 克

配料

食用油少许，盐少许，香油 3 毫升

做法

1 将鸭块洗净。

2 将山药去皮，洗净切块；黄瓜洗净切块备用。

3 炒锅上火倒入油，将葱花、红椒圈爆香，倒入水，调入盐，下入鸭块、山药、黄瓜煲至熟。

4 淋入香油即可食用。

滋补保健功效

　　本品浓郁香滑，有美容养颜、强健身体之功效。鸭肉与山药、黄瓜炖汤食用，能增强孕妈妈的免疫力。

洋葱鸡腿煲

主料

鸡腿 300 克，洋葱 50 克，葱 2 克，姜 2 克，豆豉 3 克，彩椒丝适量，枸杞子适量

配料

盐 2 克

做法

❶ 将鸡腿洗净斩块氽水；洋葱洗净切块备用。

❷ 煲锅上火倒入水，调入盐、葱、姜、豆豉、枸杞子，下入鸡腿、洋葱煲至熟。

❸ 撒上彩椒丝即可食用。

> **滋补保健功效**
>
> 本品浓郁香滑，常食有增强免疫力的功效。其中的洋葱富含钾、维生素 C、叶酸、锌、硒等营养素，可为孕妈妈提供多种身体所需的营养。

绿豆鸭汤

主料

鸭肉 250 克，绿豆 20 克，红豆 20 克，香菜适量

配料

盐适量

做法

❶ 鸭肉洗干净，切块后氽水。

❷ 绿豆、红豆淘洗干净备用。

❸ 锅上火倒入水，调入盐，下入鸭肉、绿豆、红豆煲至熟，撒上香菜即可。

> **滋补保健功效**
>
> 本品清香浓郁，有滋阴的作用。其中的绿豆有清热解毒、利尿消暑的作用，和鸭肉煲汤，很适合孕妈妈夏季滋补身体之用。

金针菇鸡丝汤

主料
鸡胸肉 200 克，金针菇 150 克，黄瓜 20 克，枸杞子少许，高汤适量

配料
盐 2 克

做法
1. 将鸡胸肉洗净切丝；金针菇洗净撕散；黄瓜洗净切丝备用。
2. 汤锅上火，倒入水及高汤，调入盐，下入鸡胸肉、金针菇、枸杞子煮至熟，撒入黄瓜丝即可。

滋补保健功效

　　本品清香爽口，常食有缓解疲劳、益气强身的作用。孕早期的孕妈妈经常食用此汤，不仅能促进食欲，还能补充身体需要的营养，抵抗疾病的侵袭。

牛蒡烤鸭煲

主料
烤鸭 300 克，牛蒡 75 克，枸杞子 5 克，葱花少许

配料
盐少许

做法
1. 将烤鸭斩块。
2. 牛蒡去皮洗净，切滚刀块。
3. 枸杞子洗净备用。
4. 净锅上火倒入水，下入烤鸭、牛蒡、枸杞子、葱花，调入盐煲至熟即可。

滋补保健功效

　　本品鲜香可口，有利咽、滋阴的功效。其中的牛蒡含菊糖、膳食纤维、蛋白质、钙、磷、铁等人体所需的营养物质，孕妈妈常食能提高免疫力。

豆腐鱼头汤

主料

鲢鱼头 100 克，豆腐 200 克，葱段 2 克，姜片 2 克，香菜末 2 克，清汤适量

配料

盐 3 克，香油 3 毫升

做法

❶ 将鲢鱼头处理干净，斩大块。

❷ 豆腐洗净切块备用。

❸ 净锅上火倒入清汤，调入盐、葱段、姜片，下入鲢鱼头、豆腐煲至熟，淋入香油，撒入香菜末即可。

滋补保健功效

本品汤鲜味美，孕妈妈常食有提神健脑的作用。其中的豆腐含有丰富的蛋白质和矿物质，和鱼头熬汤食用，是补脑益智的佳品，孕妈妈食用有助于胎儿大脑的发育。

毛豆炒鲜贝

主料

毛豆300克，干贝200克，胡萝卜、香菇各100克，葱花、姜末各适量，高汤400毫升

配料

盐、香油各1/4小匙，胡椒粉1/2小匙，橄榄油、水淀粉各1大匙

做法

❶ 胡萝卜洗净切丁，和毛豆放入滚水中焯烫；香菇去蒂切丁。

❷ 热油锅，放入姜末、葱花爆香，加入香菇炒香，倒入高汤煮滚。

❸ 豆、胡萝卜丁、干贝放入做法❷的油锅中拌炒，加盐、胡椒粉调味，以水淀粉勾芡，起锅前淋上香油即可。

滋补保健功效

毛豆可促进胃肠蠕动、预防便秘；干贝含丰富的蛋白质及碘，有滋补肾脏的功效，经常食用，可以增强体力。

芹菜炒香干

主料

香干300克，芹菜200克，姜末5克，蒜末8克，干红椒3克

配料

盐3克，食用油适量

做法

❶ 香干洗净切条；芹菜洗净切段；干红椒剪成小段。

❷ 锅加油烧热，下姜末、蒜末、干红椒段炒香，放香干炒至水干，再下芹菜炒匀，加盐炒至入味即可。

滋补保健功效

本品馨香爽脆，有清肠通便的作用。其中的芹菜含有丰富的膳食纤维、维生素以及钾、钙、磷等营养物质，可为孕妈妈提供多种营养。

鸭肉芡实汤

主料

鸭腿肉 200 克，芡实 10 克，姜片 5 克，芹菜丁 3 克，枸杞子 2 克

配料

盐 3 克

做法

❶ 将鸭腿肉洗净切小块，汆水。

❷ 芡实用温水洗净备用。

❸ 净锅上火倒入水，调入盐，下入鸭块、芡实、芹菜丁、枸杞子、姜片烧开，小火炖熟即可。

滋补保健功效

本品芳香怡人，常食有提神醒脑的作用。其中的芡实药食两用，有补益肾气的作用，适宜孕妈妈食用。

土豆芸豆煲鸡块

主料

鸡腿肉 250 克，土豆 75 克，芸豆 50 克，彩椒丁适量

配料

盐 3 克，酱油少许

做法

❶ 将鸡腿肉洗净斩块，氽水。

❷ 土豆去皮洗净，切块。

❸ 芸豆择洗干净后切段备用。

❹ 净锅上火倒入水，下入鸡块、土豆、芸豆，调入酱油、盐煲至熟。

❺ 撒上彩椒丁即可。

滋补保健功效

　　本品香爽可口、营养丰富，常食有强健身体、增强免疫力的功效。其中的芸豆是一种难得的高钾、高镁、低钠菜品，很适合孕早期的孕妈妈食用。

珊瑚菜花

主料
菜花 300 克，彩椒 1 个

配料
香油 5 毫升，白糖 3 克，白醋 15 毫升，盐少许

做法

❶ 将菜花洗净，切成小块；彩椒去蒂和籽，洗净后切成小块。

❷ 将彩椒和菜花放入沸水锅内烫熟，捞出，用凉水过凉，沥干水分，放入盘内。

❸ 加入盐、白糖、白醋、香油，一起拌匀即成。

滋补保健功效

　　本品鲜香脆嫩，有美容养颜、开胃消食的功效。其中的彩椒含有丰富的维生素 C 和 B 族维生素，可为孕妈妈补充身体所需维生素。

虾米娃娃菜

主料
娃娃菜 300 克，虾米 30 克，高汤适量

配料
盐 2 克，淀粉 8 克

做法

❶ 娃娃菜洗净，沥干水分，切条，装盘备用；虾米泡发，撒在娃娃菜上。

❷ 淀粉加水，加入盐、高汤，调匀后浇在娃娃菜和虾米上。

❸ 将盘子置于蒸锅中蒸 5 分钟即可。

滋补保健功效

　　本品清新爽口，很适合食欲不佳的孕妈妈食用。娃娃菜和富含钙、铁等矿物质的虾米搭配，营养更加丰富，有强健骨骼的作用。

白菜煲鸭

主料
鸭肉 300 克，白菜丝 150 克，彩椒 3 克，细香芹 3 克

配料
盐 2 克

做法
1 将鸭肉洗净斩块，氽水；彩椒、细香芹洗净，分别切丝、切段。
2 净锅上火倒入水，调入盐，下入鸭肉、白菜丝煲至熟，撒上彩椒、细香芹即可。

滋补保健功效
本品鲜香可口，有开胃的作用，很适合孕早期食欲不佳的孕妈妈食用。其中的鸭肉富含 B 族维生素和维生素 E，有滋补养胃、利水消肿之功效。

丝瓜鱼头汤

主料
丝瓜 350 克，豆腐皮 30 克，鲢鱼头 200 克，葱末 3 克，姜片 3 克，红枣 2 克，清汤适量

配料
盐 3 克，香油适量

做法
1 将丝瓜、豆腐皮洗净切块。
2 鲢鱼头洗净斩块备用。
3 净锅上火倒入清汤，调入盐、葱、姜片，下入丝瓜、豆腐皮、鲢鱼头、红枣煲至熟，淋上香油即可。

滋补保健功效
本品浓郁香滑，其中的豆腐皮富含蛋白质，还有铁、钙、钼等人体所必需的矿物质，可以提高孕妈妈的免疫力。

鲢鱼蒜头豆腐汤

主料

鲢鱼 300 克，豆腐 150 克，蒜 25 克，彩椒末 10 克，姜末 5 克，香菜末 2 克

配料

盐 3 克，食用油适量

做法

❶ 将鲢鱼洗净斩块；豆腐洗净切块；蒜洗净切小块。

❷ 热锅上油，放入蒜爆香，倒入水，调入盐、姜末，下入鱼肉烧沸，再下入豆腐煲至熟，撒上彩椒末、香菜末即可。

滋补保健功效

本品汤鲜味美，有提神健脑的作用。其中的豆腐含有丰富的蛋白质和矿物质，和鱼头熬汤食用，有助于胎儿大脑的发育。

果味鱼片汤

主料

草鱼肉 175 克，苹果 45 克，葱花 3 克，姜片 3 克，红椒圈少许

配料

食用油适量，盐 3 克，香油 3 毫升，白糖 2 克

做法

❶ 将草鱼肉洗净切成片。

❷ 苹果洗净，切成片备用。

❸ 净锅上火倒入食用油，将葱、姜炝香，倒入水，调入盐、白糖，下入苹果、鱼片煮至熟，淋入香油，用红椒圈装饰即可。

滋补保健功效

本品清新爽口，有促进食欲的作用。苹果和草鱼搭配熬汤，不仅让汤味更鲜美，还能起到促进食欲、滋润皮肤的作用。

酸汤鸭

主料

鸭 1 只，西红柿 1 个，枸杞子 2 克，葱段适量

配料

盐 3 克

做法

❶ 鸭处理干净，用少许盐抹匀鸭身。

❷ 西红柿洗净，切片。

❸ 锅内加水烧开，放入葱段、鸭炖煮 1 个小时，再放入西红柿、枸杞子续炖 10 分钟，加剩余的盐即可。

滋补保健功效

本品酸香可口，有补血养颜、促进食欲的作用。其中的西红柿含有丰富的维生素及矿物质，有消除疲劳、增进食欲的作用。

芋头排骨汤

主料

猪排骨 250 克，小芋头 300 克，白菜 100 克，枸杞子 10 克，葱花 5 克

配料

盐 3 克，食用油适量

做法

❶ 猪排骨洗净，剁块，汆烫后捞出；小芋头去皮，洗净；白菜洗净，切碎。

❷ 锅倒油烧热，放入猪排骨煎炒至黄色，加入沸水，撒入枸杞子，炖 40 分钟，加入小芋头、白菜煮熟。

❸ 加入盐调味，撒上葱花起锅即可。

滋补保健功效

本品浓郁鲜香、营养丰富，常食可增强孕妈妈的免疫力。其中的排骨有很高的营养价值，可常用来煲汤。

CHAPTER 02

孕中期
（13～27周）饮食

孕中期即怀孕后的13～27周。进入孕中期，孕妈妈早孕的不良反应基本大有改善，食欲会逐渐增加，胎宝宝的营养需求也会逐渐加大。为了胎宝宝的健康成长，本章将推荐适合孕中期食用的营养食谱。

孕中期饮食指导

早晚进食均衡

有的孕妈妈不吃早餐，晚餐却大量进食，结果造成早晚进食量不平衡，这对孕妈妈和胎儿均不利。通常上午的工作和劳动量较大，需要相应地供给充足的饮食营养，才能保证体力、精力的充沛。而且从前一天晚餐到第二天早晨相距有十几个小时，不但孕妈妈需要营养供给，胎儿也需要营养供给，如果早餐不吃东西，就意味着要再延长 4 个小时才能给胎儿营养，这样下去，势必对胎儿发育造成伤害。

常吃苹果

苹果有生津、健脾胃、降压、促消化、通便等功效，并且富含锌和碘。有些孕妈妈到了妊娠中后期，会出现

妊娠高血压。苹果含有较多的钾，钾可以促进体内钠盐的排出，对水肿、原发性高血压有较好的辅助疗效。但苹果每天食用量不要超过 5 个，过量食用反而会影响肾功能。

多摄入优质蛋白质

这一时期，胎儿的器官组织继续生长，体细胞数目持续增多，与此同时，胎儿的个头也在迅速增大，因此需要大量的优质蛋白质供应。孕中期的孕妈妈应比孕早期每天多摄入 15 克蛋白质，此时孕妈妈的食谱中应增加鱼、肉、蛋、豆制品等富含优质蛋白质的食物量。

增加主食的摄入量

孕中期，胎儿生长速度开始加快，此时需要增加热量供应，而热量主要从孕妈妈的主食中摄取，如米和面，再搭配吃一些五谷杂粮，如小米、玉米面、燕麦等。如果主食摄取不足，不仅身体所需热量供给不足，还会使孕妈妈缺乏维生素 B_1，出现肌肉酸痛、身体乏力等症状。

选择适合自己的孕妇奶粉

孕妇奶粉是根据孕期特殊的生理需要而特别配制的，能全面满足孕期的营养需求，比鲜奶更适合孕妇饮用。喝孕妇奶粉，要根据具体情况具体对待。对健康孕妇来说，可以选择添加营养成分比较全面而均衡的奶粉。孕妈妈如果存在缺铁、缺钙等营养缺乏问题，可以着重选择相应营养含量较多的奶粉；如果孕期血脂升高，可以选择低脂奶粉。

孕中期饮食禁忌

忌滥用滋补药品

有些孕妈妈觉得腹中的胎儿所需的营养物质全靠自己供给，"一个人吃，两个人用"，害怕自己营养供给不足，因此便想多吃些滋补药品，希望自己的身体变得更好，以保证胎儿顺利生长发育。然而，孕妈妈滥用补药弊多利少，常常造成事与愿违的后果。

任何药物，包括各种滋补品，都要在人体内进行分解、代谢，或多或少有一定的毒副作用，包括毒性作用和过敏反应。可以说，没有一种药物对人体是绝对安全的。如果使用不当，即使是滋补性药品，也会对人体产生不良影响，给孕妈妈以及腹中的胎儿带来种种伤害。

忌大量食用高脂肪食物

脂肪是热量的重要来源，也是构成脑组织极其重要的营养物质，还是脂溶性维生素的良好溶剂。脂肪缺乏，会导致免疫功能低下，易患多种疾病，对胎儿的生长发育十分不利。

但也应注意，孕妈妈不宜大量食用高脂肪食物。在妊娠期，孕妈妈肠道吸收脂肪的功能有所增强，血脂相应升高，体内脂肪堆积也有所增多。但是，妊娠期热量消耗较多，而糖的储备减少，这对脂肪分解不利，因而常因氧化不足产生酮体，容易引发酮血症，出现尿中酮体、严重脱水、唇红、头昏、恶心、呕吐等症状。如果孕妈妈长期大量高脂肪饮食，还会增加患生殖系统肿瘤的危险。

忌喝长时间熬煮的骨头汤

不少孕妈妈爱喝骨头汤，而且认为熬汤的时间越长越好，不仅味道好，滋补身体也更有效。其实这种做法是错误的。动物骨骼中所含的钙元素是不易分解的，不论多高的温度，也不能将骨骼内的钙元素溶出，反而会破坏骨骼中的蛋白质。因此，熬骨头汤的时间过长不但无益，反而有害。

孕中期的必备营养素

铁

　　铁是构成血红蛋白和肌红蛋白的原料，孕周越长，胎儿发育越完全，需要的铁元素就越多。适时补铁还可以改善孕妈妈的睡眠质量。孕期缺铁会导致孕妈妈患缺铁性贫血，影响身体免疫力，使孕妈妈自觉头晕乏力、心悸气短，并导致胎儿宫内缺氧，干扰胚胎的正常分化、发育和器官的形成，使之生长发育迟缓，甚至造成婴儿出生后贫血及智力发育障碍。

　　食物来源：铁主要存在于动物性食品中，如动物肝脏、肉类和鱼类中，这种铁能够与血红蛋白直接结合，生物利用率很高。还有部分铁存在于植物性食品中，如深绿色蔬菜、黑木耳、黑米等，这类铁必须经胃酸分解还原成亚铁离子才能被人体吸收，因此生物利用率低，并不是铁的最佳来源。

膳食纤维

　　膳食纤维属于多糖化合物，一般体积大，食用后能增加消化液分泌和增强胃肠道蠕动，虽然膳食纤维不能被人体吸收，但可以很好地清理胃肠，刺激肠道蠕动，使粪便变软，对预防大便干燥，改善妊娠期常见的便秘、痔疮等疾病有较好的效果。患糖尿病的孕妈妈多食用高膳食纤维饮食，还可以改善高血糖症状。

　　食物来源：富含膳食纤维的食物有谷类（特别是一些粗粮）、豆类、菜类、薯类及水果等。如果孕妈妈胃

肠功能不好，难以消化谷物、薯类中的膳食纤维，可选用绿叶蔬菜代替。孕妈妈在加餐时可以多吃一些全麦面包、麦麸饼干、甘薯、菠萝片、消化饼等点心，可以很好地补充膳食纤维。

牛磺酸

　　胎儿体内合成牛磺酸以及肾小管细胞重吸收牛磺酸的能力均较差，如没有外源供应，有可能发生牛磺酸缺乏。营养学家建议通过母体向胎儿及婴儿补充牛磺酸，因此，孕妈妈和产后新妈妈补充牛磺酸是非常必要的。在人体的视网膜中，存在大量牛磺酸，它能提高视觉功能，促进视网膜的发育，保护视网膜。当孕妈妈视网膜中的牛磺酸含量降低时，对胎儿的视力发育极其不利。

　　食物来源：牛肉、动物内脏、牡蛎、青花鱼、蛤蜊、沙丁鱼、墨鱼、虾、奶酪等食物中均含有牛磺酸。

维生素 B_{12}

　　维生素 B_{12} 是人体三大造血原料之一，还能增强人体的精力，使神经系统保持健康状态，具有消除疲劳、恐惧、气馁等不良情绪的作用。维生素 B_{12} 的缺乏会导致人体肝功能和消化功能出现障碍，孕妈妈缺少维生素 B_{12}，会产生疲劳、精神抑郁、抵抗力降低、记忆力衰退、贫血等症状，还会引起食欲缺乏、恶心、体重减轻，严重影响胎儿的生长发育。

　　食物来源：膳食中的维生素 B_{12} 只存在于动物性食品中，如肉类和肉制品、动物内脏、鱼类、贝壳类、蛋类，乳类及乳制品中也含有大量维生素 B_{12}。发酵食品中只含有少量维生素 B_{12}；植物性食品中基本不含维生素 B_{12}。

维生素 D

　　孕期缺乏维生素 D 时，孕妈妈有可能会出现骨质软

化。一旦出现骨质软化，骨盆是最先发病的部位，首先出现髋关节疼痛，然后蔓延到脊柱、胸骨、腿及其他部位，严重时会发生脊柱畸形，甚至还会出现骨盆畸形，影响自然分娩。孕妈妈缺乏维生素 D 还会导致胎儿骨骼钙化不良，使其出生后牙齿萌出较晚等。

　　食物来源：鱼肝油是维生素 D 的最佳来源。通常天然食物中维生素 D 含量较低，含脂肪高的海鱼、动物肝脏、蛋黄、奶油等相对较多，瘦肉和奶类中含量较少。

农家柴把肉

主料

五花肉 200 克，干豆角 200 克，姜片 10 克，蒜 10 克，高汤适量

配料

盐 3 克，蚝油 3 毫升，酱油 3 毫升，食用油适量

做法

① 五花肉洗净切条；干豆角泡发洗净。

② 用豆角把五花肉条捆紧，即成柴把肉，放入三成热的油锅中炸 2 分钟后捞出。

③ 油锅爆香姜、蒜，下入柴把肉，加入高汤和其余配料，烧至入味即可。

滋补保健功效

本品肉质鲜嫩，常食有增强免疫力的功效。其中的干豆角含有丰富的膳食纤维，适合消化不良、便秘的孕妈妈食用。

木桶水鸭

主料

水鸭肉 450 克，鸭血 100 克，豆腐 50 克，胡萝卜条 50 克，红椒 5 克，葱段 10 克

配料

盐 3 克，香油少许

做法

① 水鸭肉、鸭血、豆腐洗净，切块；红椒洗净，切段。

② 煮锅上火，下入水鸭肉、葱段煲 25 分钟，下鸭血、豆腐、胡萝卜再煲 15 分钟。

③ 放入盐、香油调味，炖煮 15 分钟，倒入木桶中，撒上红椒装饰即可。

滋补保健功效

本品肉质鲜嫩，很适合孕妈妈滋补身体之用，常食还有增强免疫力之功效。其中的鸭血含有丰富的钙、铁等矿物质，有补血养颜之功效。

鲍鱼老鸡干贝煲

主料

老鸡 250 克，水发干贝 75 克，鲍鱼 1 只，青菜叶 5 克，枸杞子 2 克

配料

盐 3 克，香油 3 毫升

做法

❶ 将水发干贝洗净；鲍鱼洗净改刀，入水汆透待用；老鸡洗净斩块，汆水；青菜叶、枸杞子洗净备用。

❷ 净锅上火，加入水，调入盐，放入鸡肉、鲍鱼、干贝、枸杞子小火煲至熟，放入青菜叶稍煮片刻，淋入香油即可。

滋补保健功效

本品浓郁香滑，常食有滋阴、补气的作用。其中的鲍鱼含有丰富的蛋白质，还含有较多的钙、铁、碘和维生素 A 等营养物质，是滋补身体的佳品。

美味鱼丸

主料

青鱼1条，姜15克，葱绿、葱白各适量，鸡蛋清少许

配料

盐3克，香油少许

做法

❶ 将青鱼处理干净，剔去鱼刺和鱼皮后取肉；将姜、葱清洗干净，葱切段。

❷ 将鱼肉入水中浸泡40分钟，放入搅拌机中，再加入鸡蛋清、姜、葱白搅打成肉糜，加入盐后搅打上劲。

❸ 将搅打好的肉糜挤成丸子，放入开水中煮，待鱼丸浮起时盛出，放入香油和葱绿即可。

滋补保健功效

这道菜味道鲜美，多吃不腻，能滋补健胃、利水消肿，其富含的镁元素有利于预防妊娠高血压。

板栗煨白菜

主料

白菜 200 克，生板栗 150 克，葱适量，姜适量，鸡汤适量

配料

盐适量，食用油适量，水淀粉适量

做法

❶ 白菜洗净，切段，用开水煮透，捞出；葱洗净切末；姜洗净切末；板栗煮熟，剥去壳。

❷ 锅上火，放油烧热，将葱末、姜末爆香，下白菜、板栗炒匀，加入鸡汤，煨入味后用水淀粉勾芡，加入盐，炒匀即可出锅。

滋补保健功效

本品鲜香软嫩，常食可提高孕妈妈的免疫力。含有丰富营养的板栗和白菜搭配，不仅绵香可口，还有很好的滋补作用。

黄鳝煲鸡

主料

鸡胸肉 300 克，黄鳝 100 克，荔枝 1 颗，红枣 20 克，葱 5 克，姜 5 克，青菜叶 3 克，枸杞子少许，高汤适量

配料

食用油适量，盐 3 克

做法

❶ 将鸡胸肉洗干净，切条余水。

❷ 黄鳝洗净切小段。

❸ 荔枝去外壳后和红枣一起洗净。

❹ 锅上火倒入食用油，将葱、姜炝香，加入高汤，下入鸡胸肉、黄鳝、荔枝、红枣、枸杞子，再调入盐，煲至熟，撒入青菜叶即可。

滋补保健功效

本品浓郁香滑，常食有补气养血之功效。其中的鳝鱼含有丰富的营养物质，是孕妈妈的滋补佳品。

红腰豆玉米

主料

红腰豆 100 克，青豆 100 克，玉米粒 200 克，葡萄
干 50 克

配料

白糖 10 克

做法

① 锅中加入清水，将红腰豆、青豆和玉米粒放入锅中
煮熟。

② 等锅中基本无水的时候放入葡萄干，再添加少量清水，
小火煮至水分被食材吸收，盛出拌入白糖即可。

黑豆玉米粥

主料

黑豆 30 克，玉米粒 30 克，大米 70 克

配料

白糖 3 克

做法

① 将大米、黑豆均清洗干净，泡发备用；将玉米粒清
洗干净。

② 锅置火上，倒入清水，放入大米、黑豆煮至水开。

③ 加入玉米粒同煮至浓稠状，调入白糖搅拌均匀即可。

西红柿肉片

主料

猪瘦肉 300 克，豌豆 15 克，冬笋 25 克，西红柿 2 个

配料

盐适量，食用油适量，淀粉 10 克

做法

❶ 冬笋洗净切成梳状片；西红柿洗净切块；豌豆洗净焯熟；猪瘦肉洗净切片，加盐调味，再加入少许淀粉拌匀。

❷ 锅中加油烧热，放入肉片滑散后捞出。

❸ 锅内留油，放入西红柿、冬笋、豌豆、肉片炒匀，加水，待沸后勾芡，加盐调味即成。

滋补保健功效

　　本品清香爽脆，孕妈妈食用有开胃之功效。其中的西红柿含胡萝卜素、维生素 C、B 族维生素等营养物质，有美颜、降压、健胃消食、凉血平肝等多种功效。

鱼头豆腐菜心煲

主料

鲢鱼头 400 克，豆腐 150 克，菜心 50 克，姜片 4 克，
香菜段 3 克，彩椒丁 2 克，枸杞子 2 克

配料

食用油适量，盐适量

做法

① 将鲢鱼头洗净、剁块。

② 豆腐洗净切块。

③ 菜心洗净备用。

④ 锅上火，倒入油，将姜炝香，下入鲢鱼头煸炒，倒入水，
加入豆腐、枸杞子、菜心煲至熟，调入盐，撒入香菜
段、彩椒丁即可。

滋补保健功效

本汤汤色洁白、口味鲜美。孕中期孕妈妈常食，有
健胃养胃、增强免疫力之功效。

冬瓜鱼片汤

主料

鲷鱼 100 克，冬瓜 150 克，黄连 3 克，知母 3 克，酸枣仁 15 克，嫩姜丝 10 克

配料

盐 3 克

做法

❶ 鲷鱼宰杀洗净，切片；冬瓜去皮洗净，切片；全部药材放入棉布袋。

❷ 以上全部材料与嫩姜丝放入锅中，加入水，以中火煮沸。

❸ 取出棉布袋，加入盐后关火即可。

滋补保健功效

本品清鲜淡爽，孕妈妈常食有补脾养胃、利水消肿之功效。其中的鲷鱼富含蛋白质、钙、钾、硒等营养素，有养胃、祛风的作用。

一锅鲜

主料

土鸡200克，猪排骨100克，蛤蜊80克，水发黑木耳20克，宽粉条10克，葱花5克，姜末5克，彩椒末少许

配料

食用油适量，盐少许

做法

❶ 将土鸡斩块，猪排骨剁小块，一同氽水。

❷ 蛤蜊洗净；黑木耳撕成小块；粉条用温水浸泡至软

切段备用。

❸ 炒锅上火，倒入油，将葱、姜炒香，倒入水，调入盐，下入鸡块、猪排骨、蛤蜊、黑木耳、粉条煲至熟，撒上彩椒末即可。

滋补保健功效

　　本品汤鲜味浓，孕妈妈食用有增强免疫力之功效。其中的蛤蜊含有丰富的矿物质及维生素，具有滋阴润燥、利尿消肿等作用。

笋片炒肉片

主料

冬笋 100 克，猪肉 200 克，彩椒片 5 克

配料

盐 3 克，食用油适量，蚝油 4 毫升，淀粉少许

做法

1 将冬笋去壳，洗净，切成片；猪肉洗净，切片，加盐和淀粉腌渍。

2 锅中加水，笋片焯去异味后，捞出沥干。

3 锅中加油烧热，下入猪肉片炒至变白后加入笋片、彩椒，一起炒熟，再加盐、蚝油调味即可。

滋补保健功效

　　本品鲜香脆嫩，孕妈妈食用有开胃消食的作用。冬笋含有丰富的蛋白质和多种维生素、矿物质及膳食纤维，能促进肠道蠕动，既有助于消化，又能预防便秘。

芥菜青豆

主料

芥菜 100 克，青豆 200 克，彩椒末少许

配料

香油 3 毫升，盐 3 克，白醋 5 毫升

做法

1 将芥菜择洗干净，焯烫后切成小段。

2 青豆择洗干净，放入沸水中煮熟。

3 将芥菜、青豆、彩椒末装盘，调入香油、白醋、盐拌匀即可食用。

滋补保健功效

　　本品清新爽口，可增加孕妈妈的食欲。维生素含量丰富的芥菜和富含大豆磷脂的青豆搭配，不仅口感清爽，还有助于补脑益智。

腰果炒西芹

主料

西芹 200 克，鲜百合 100 克，腰果 100 克，彩椒 10 克，胡萝卜 8 克

配料

盐 3 克，白糖 2 克，食用油适量，水淀粉适量

做法

❶ 将西芹洗净，切段；鲜百合洗净，剥片；彩椒洗净，切片；胡萝卜洗净，切片；腰果洗净。

❷ 锅下油烧热，放入腰果略炸一会儿，放入西芹、鲜百合、彩椒、胡萝卜一起炒，加盐、白糖炒匀，熟后用水淀粉勾芡，装盘即可。

滋补保健功效

本品鲜香脆嫩，常食有清心润肺之功效。其中的腰果含有丰富的维生素 B_1、不饱和脂肪酸及钙，孕妈妈食用可补充体力、缓解疲劳、补脑益智。

蛋黄鸭脯

主料

鸭脯 300 克，蛋黄 200 克，姜片适量，葱段适量

配料

盐适量，白糖适量

做法

❶ 鸭脯洗净，去骨，下入盐、白糖、姜片、葱段腌约 1 个小时。

❷ 将蛋黄塞入鸭脯内，用纱布包好，上笼用大火蒸 45 分钟后取出。

❸ 待冷却后将蛋黄鸭脯肉切片装盘即可。

滋补保健功效

本品气味香醇、软糯可口，常食有补脑益智、保护视力的作用。孕妇食用此菜品，可有助于胎儿脑部的发育。

高汤娃娃菜

主料

娃娃菜 400 克，四季豆 200 克，香菇 100 克，枸杞子 20 克

配料

食用油适量，盐 3 克，酱油 5 毫升

做法

❶ 娃娃菜洗净，切成瓣，入水焯熟，装盘；四季豆去筋，洗净切丝；香菇洗净，切丝；枸杞子泡发备用。

❷ 锅中倒油烧热，入四季豆、香菇煸炒至变色，调入盐、酱油，加适量水，放入枸杞子，烧开。

❸ 将汤汁浇在娃娃菜上即可。

滋补保健功效

本品软绵清爽，常食有补虚、养颜之功效。其中的香菇素有"山珍之王"之美誉，是高蛋白、多维生素、低脂肪的保健佳品，非常适合孕妈妈食用。

青木瓜鱼片汤

主料

鱼肉片 200 克，青木瓜 100 克，葱 5 克，姜片 2 克

配料

盐 2 克

做法

① 鱼肉片洗净；葱洗净，切段；青木瓜去皮切块。

② 将鱼肉片、青木瓜、葱段、姜片放入锅中，加水没过材料，以大火煮沸，转小火续煮 20 分钟。

③ 最后加盐即可食用。

滋补保健功效

本品味美滑嫩，常食有补脑益智、美容养颜之功效。鱼肉的营养十分丰富，孕妈妈食用不仅能增强体质，还有利于胎儿的脑部发育。

平菇虾米鸡丝汤

主料

鸡胸肉 200 克，平菇 45 克，虾米 5 克，葱花 5 克，高汤适量

配料

盐 2 克，香油适量

做法

① 将鸡胸肉洗净切丝，氽水。

② 平菇洗净撕成条。

③ 虾米洗净稍泡备用。

④ 净锅上火倒入高汤，下入鸡胸肉、平菇、虾米烧开，调入盐煲至熟，撒上葱花，淋上香油即可。

滋补保健功效

本品浓郁香滑，孕妈妈食用有强身健体、提神健脑之功效。其中的平菇富含硒、多糖体等营养物质。

红烧肉扒板栗

主料

五花肉 500 克，板栗 200 克，香菜叶适量，彩椒适量

配料

盐 3 克，白糖 3 克，食用油适量

做法

❶ 五花肉洗净切块，入水煮沸捞出；板栗去壳焯熟，捞出沥干，装在锅内；香菜叶洗净；彩椒洗净，切片。

❷ 起油锅，入白糖烧至起大泡时入肉块迅速翻炒，放入盐，加一点水，煮至汤汁收浓，盛在板栗上，用香菜、彩椒点缀即可。

滋补保健功效

本品香绵酥糯，常食有强健筋骨、增强免疫力之功效。健脾益气的板栗和补虚强身的五花肉搭配，美味营养，很适合孕妈妈滋补身体之用。

香菇猪尾汤

主料
猪尾 220 克，水发香菇 100 克，胡萝卜 35 克，黄豆芽 30 克

配料
盐 3 克

做法
① 将猪尾清洗干净，斩段汆水；将水发香菇清洗干净、切片；将胡萝卜去皮，清洗干净，切块；将黄豆芽清洗干净备用。

② 净锅上火倒入水，下入猪尾、水发香菇、胡萝卜、黄豆芽煲至熟，调入盐即可。

滋补保健功效

黄豆芽含有丰富的维生素，孕妈妈春天多吃些黄豆芽可以有效预防维生素 B_2 缺乏症。另外，黄豆芽含有维生素 C，对孕妈妈面部雀斑也有较好的淡化效果。

茶树菇鸭汤

主料
鸭肉 250 克，茶树菇 80 克

配料
盐适量，香油适量

做法
1. 将鸭肉斩成块，清洗干净后汆水；将茶树菇清洗干净。
2. 将鸭块和茶树菇放入炖盅内炖 2 个小时。
3. 最后放入盐调味，滴上香油即可。

滋补保健功效

　　鸭肉属于热量低、口感较清爽的肉类，特别适合孕妈妈夏天食用。茶树菇富含氨基酸和多种营养成分，还含有丰富的植物性膳食纤维，能吸收汤中多余的油分。

土鸡煲鲍鱼菇

主料
鲍鱼菇 150 克，土鸡肉 200 克，姜 10 克，葱适量

配料
盐 3 克

做法
1. 鲍鱼菇洗净切片；姜洗净，切成片。
2. 土鸡肉洗净，斩块；葱洗净，切葱花。
3. 将鲍鱼菇、土鸡肉、姜放入锅内，加水没过材料，用大火烧开，转小火煲 20 分钟，调入盐，撒上葱花即可。

滋补保健功效

　　本品浓郁香滑，有增强免疫力之功效。其中的鲍鱼菇营养丰富，肉质肥厚，含有多种人体必需氨基酸，是孕妈妈很好的滋补食物。

胡萝卜烩木耳

主料
胡萝卜 200 克，黑木耳 20 克，葱段 10 克，姜片 5 克

配料
盐 3 克，白糖 3 克，食用油适量

做法
1. 黑木耳用冷水泡发洗净，撕成小块；胡萝卜洗净，切片。
2. 锅置火上倒油，待油烧至七成热时，放入姜片、葱段煸炒，随后放黑木耳稍炒一下，再放胡萝卜片炒至熟，依次放盐、白糖，炒匀即可。

滋补保健功效
　　本品香脆爽口，孕妈妈食用有排毒养颜之功效。其中的黑木耳是常用的山珍，药食两用，有养血驻颜、畅通胃肠的作用。

韭菜炒鸡蛋

主料
鸡蛋 4 个，韭菜 15 克

配料
盐 3 克，食用油适量

做法
1. 韭菜洗净，切成碎末备用。
2. 鸡蛋打入碗中，搅散，加入盐搅匀备用。
3. 锅置火上，放入油，将备好的鸡蛋液入锅中煎至两面呈金黄色，放入韭菜翻炒片刻，切块装盘即可。

滋补保健功效
　　本品香软可口，常食有增强免疫力之功效。补肾温阳的韭菜和富含蛋白质的鸡蛋搭配烹炒，既简单方便，又可强身健体，孕妈妈食用，还有助于胎儿大脑的发育。

金针菇鸡块煲

主料

鸡腿肉 250 克，金针菇 30 克，香菇 20 克，葱花 2 克，彩椒丁 2 克，姜片 2 克

配料

盐少许

做法

❶ 将鸡腿肉洗净斩块，汆水；金针菇洗净撕散；香菇洗净切块备用。

❷ 净锅上火倒入水，下入鸡块、金针菇、香菇、姜片，调入盐煲至熟，撒上葱花、彩椒丁即可。

滋补保健功效

本品浓郁香滑，常食有补虚、提神醒脑的作用。有"增智菇"之称的金针菇和补虚的鸡肉搭配，对孕妈妈有很好的补益作用。

白萝卜片炒香菇

主料

白萝卜 300 克，香菇 200 克，胡萝卜片 15 克，香菜段 2 克

配料

盐 3 克，香油 5 毫升，食用油少许，水淀粉 8 毫升

做法

① 将白萝卜洗干净，削去外皮，切片。

② 香菇去蒂，用开水烫一下，再用冷水洗净，切片。

③ 锅置火上，加食用油烧至七成热，煸炒香菇、胡萝卜片，加盐和白萝卜片翻炒，用水淀粉勾芡，淋入香油，撒上香菜段，装盘即成。

滋补保健功效

本品鲜香脆嫩，常食有增强免疫力之功效。香菇属于高蛋白、低脂肪的健康食品，可增强孕妈妈的免疫力。

豆腐扣碗肉

主料

五花肉 300 克，豆腐 300 克，生菜少许，姜片适量，高汤适量

配料

盐 3 克，蚝油适量，白糖适量，水淀粉适量

做法

❶ 五花肉洗净，与盐、姜片入沸水中煮熟，冷却后切成薄片。

❷ 生菜叶装盘。

❸ 豆腐洗净，切块，装在生菜叶上，将五花肉码在上面，淋入高汤、蚝油、水淀粉，撒上白糖，放入蒸锅蒸熟即可。

滋补保健功效

本品鲜香软嫩，有补虚益气之功效。有"绿色健康食品"之称的豆腐和五花肉搭配食用，香软滑嫩、易消化，孕妈妈食用可滋补身体。

雪梨肉丁

主料

雪梨 1 个，胡萝卜 80 克，玉米粒 50 克，猪瘦肉 200 克

配料

食用油适量，白糖 3 克，蚝油 5 毫升，盐 3 克，淀粉适量

做法

❶ 将雪梨洗净削皮，去核后切小块；胡萝卜洗净去皮，切小块。

❷ 猪瘦肉洗净切小块，加入少许白糖、淀粉、蚝油腌匀。

❸ 油锅烧热，将猪瘦肉炒至半熟，加入其他主料炒熟，加入剩余白糖、盐炒匀即成。

滋补保健功效

本品香爽可口，常食有宽肠通便、美容养颜之功效。梨、胡萝卜、玉米粒都是高纤维食物，和猪瘦肉搭配食用，不仅营养更丰富，还有助于消化、促进食欲，适合食欲不佳的孕妈妈食用。

老鸭莴笋煲

主料
莴笋 150 克，老鸭 250 克，枸杞子 10 克，姜片 2 克，蒜片 2 克

配料
盐 3 克

做法

① 将莴笋去皮洗净，切块。

② 老鸭洗净斩块，汆水。

③ 枸杞子洗净备用。

④ 煲锅上火倒入水，调入盐、姜片、蒜片，下入莴笋、老鸭、枸杞子煲至熟即可。

滋补保健功效

　　本品味美滑嫩，常食有滋阴养颜之功效。老鸭和莴笋搭配，不仅能增强爽脆口感、减少油腻，常食还能利水消肿，适合孕妈妈食用。

魔芋丝炖老鸭

主料
鸭肉 300 克，魔芋丝 200 克，枸杞子 8 克，姜片 5 克

配料
盐 3 克

做法

① 将鸭肉、魔芋丝、枸杞子分别洗净。

② 鸭肉汆水，捞起控干，切块。

③ 将鸭块、魔芋丝、枸杞子、姜片一起倒入砂锅中，加适量清水，大火煮开后下盐，转小火炖 30 分钟即可。

滋补保健功效

　　本品味美滑嫩，常食有滋阴养颜之功效。其中的魔芋含有丰富的魔芋多糖、膳食纤维等营养成分，有降脂降糖、润肠通便、排毒养颜等多重作用。

萝卜丝老鸭煲

主料

老鸭 350 克，白萝卜 50 克，枸杞子 15 克，葱花 3 克

配料

盐少许，食用油适量

做法

❶ 将老鸭洗净斩块，余水；白萝卜洗净切丝。

❷ 枸杞子洗净备用。

❸ 炒锅上火倒入油，将葱炝香，下入白萝卜丝略炒，倒入水，调入盐，加入老鸭、枸杞子煲至熟即可。

滋补保健功效

本品浓郁香滑，孕妈妈食用能润肺、通便。其中的白萝卜是下气消食、润肺、生津、利尿通便之佳品。

牛肝菌炒肉片

主料

牛肝菌 100 克，猪瘦肉 250 克，菜心适量，姜丝 6 克

配料

盐 3 克，食用油适量，水淀粉 5 毫升

做法

❶ 将牛肝菌洗净，切成片；猪瘦肉洗净，切成片；菜心洗净，取菜梗剖开。

❷ 猪瘦肉放入碗内，加入水淀粉，用手抓匀稍腌。

❸ 起油锅，下入姜丝煸出香味，放入猪瘦肉片炒至断生，加入牛肝菌、菜心炒熟，加盐调味即可。

滋补保健功效

　　本品鲜香脆嫩，常食有增强免疫力之功效。其中的牛肝菌既是美食，又是妇科良药，对妇科白带异常还有很好的辅助治疗作用。

鸡块多味煲

主料

鸡肉 350 克，枸杞子 10 克，红枣 5 克，水发莲子 8 颗，上海青 5 克，葱段 10 克，姜片 10 克

配料

盐 3 克，食用油适量

做法

❶ 将鸡肉洗净斩块，汆水；枸杞子、红枣、水发莲子洗净备用；上海青洗净备用。

❷ 净锅上火倒入油，炝香葱、姜，下入鸡块煸炒，倒入水，调入盐烧沸，下入枸杞子、红枣、水发莲子煲至熟，放入上海青煮片刻即可。

滋补保健功效

　　本品汤浓味鲜，孕妈妈食用有补虚益气、补血养颜之功效。其中的枸杞子是药食两用的滋补佳品，有养肝滋肾、补虚益精等多重功效。

排骨海带煲鸡

主料

鸡肉 250 克，猪肋排 200 克，海带结 80 克，枸杞子 2 克，葱花 3 克，姜片 3 克

配料

盐适量，食用油适量

做法

❶ 将鸡肉洗净斩块；猪肋排洗净剁块；海带结洗净；枸杞子洗净备用。

❷ 净锅上火，入油烧热，爆香葱、姜，下入海带结翻炒几下，倒入水，加入鸡块、猪肋排、枸杞子，调盐，小火煲至熟即可。

滋补保健功效

　　本品香味浓郁、可口，常食有补虚益气之功效。其中的海带含有丰富的矿物质碘，有助于孕妈妈获取必需的碘，有利于胎儿的发育。

芹菜拌花生仁

主料

芹菜 250 克，花生仁 200 克，芹菜叶 1 克

配料

番茄酱适量，食用油适量，盐 3 克

做法

① 将芹菜洗净，切碎，入沸水锅中焯水，沥干，装盘；花生仁洗净，沥干。

② 炒锅注入适量油烧热，下入花生仁炸至表皮泛红色后捞出，沥油，倒在芹菜上。

③ 加入盐搅拌均匀，淋上番茄酱，用芹菜叶装饰即可。

滋补保健功效

　　本品鲜香脆爽，常食有宽肠通便、增强记忆力之功效。其中的花生含有丰富的维生素 B$_2$、钙、铁、卵磷脂等多种营养成分，有促进胎儿脑部发育的作用。

肉炒西葫芦

主料

猪肉 200 克，西葫芦 150 克，彩椒 2 克，胡萝卜片 5 克，橙片少许

配料

盐适量，食用油适量，水淀粉 5 毫升

做法

① 猪肉洗净，切片，用少许盐、水淀粉腌一下；西葫芦洗净，去皮，切成片；彩椒洗净，切丁。

② 油锅烧热，加猪肉炒至肉色微变时，捞出；锅内留油，下西葫芦炒熟。

③ 放入猪肉、胡萝卜片，加少许清水焖 2 分钟，加少许盐调味，盛盘，用彩椒、橙片装饰即可。

滋补保健功效

　　本品鲜香脆嫩，孕妈妈食用有强身健体之功效。其中的西葫芦含有丰富的维生素 C、葡萄糖等营养物质，有除烦止渴、润肺止咳的作用。

西芹炒胡萝卜粒

主料
西芹 250 克，胡萝卜 150 克

配料
香油 5 毫升，盐 3 克，食用油适量

做法

① 将西芹洗净，切菱形块，入沸水锅中焯水；胡萝卜洗净，切成粒。

② 锅注油烧热，放入西芹爆炒，再加入胡萝卜粒一起炒匀，至熟。

③ 调入香油、盐调味即可出锅。

滋补保健功效

本品清脆爽口，常食有清肝明目、排毒养颜之功效。其中的西芹富含膳食纤维和钾，孕妈妈常食用可利尿消肿。

山药菌菇鸡汤

主料

老母鸡 400 克，蟹味菇 50 克，山药 100 克，葱花 3 克，红椒圈 3 克，高汤适量

配料

盐适量，食用油适量

做法

❶ 将老母鸡洗净斩块，余水。

❷ 蟹味菇浸泡洗净，切片。

❸ 山药去皮，洗净切块备用。

❹ 炒锅上火倒入油，将葱花爆香，加入高汤，下入老母鸡、蟹味菇、山药，调入盐，煲至熟，撒入葱花、红椒圈装饰即可。

滋补保健功效

　　本品清香爽口，常食有补虚益气、健脾益胃之功效。其中老母鸡的营养比一般的鸡仔丰富，是孕妈妈以及体虚者滋补身体的佳品。

火腿香菇鸡汤

主料

鸡肉 300 克，火腿 100 克，水发香菇 50 克，黑豆 30 克，青豆 20 克，葱段 5 克，枸杞子少许

配料

盐适量，香油 3 毫升，食用油适量

做法

① 鸡肉洗净斩块，氽水。

② 火腿切片。

③ 香菇去根洗净，切块。

④ 黑豆、青豆、枸杞子分别洗净。

⑤ 净锅上火，倒入油，将葱炝香，倒入水，调入盐，加入鸡肉、火腿、香菇、黑豆、青豆、枸杞子煲至熟，淋入香油即可。

滋补保健功效

　　本品浓郁香滑，孕妈妈食用有强身益气、美容养颜之功效。其中的黑豆含有丰富的卵磷脂、钙、铁以及膳食纤维，有益脾补肾、改善贫血、排毒养颜的作用。

熟地鸭肉汤

主料

鸭肉 300 克，枸杞子 10 克，熟地黄 5 克，芹菜段 3 克，姜片 3 克

配料

盐 3 克

做法

① 将鸭肉洗净斩块，氽水；芹菜段洗净焯水；枸杞子、熟地黄洗净备用。

② 净锅上火倒入水，调入盐，放入鸭肉、枸杞子、姜片、熟地黄，煲至熟，装盘，撒上芹菜段即可。

滋补保健功效

　　本品汤味浓郁，孕妈妈食用有补气、养血、益肾之功效。其中的熟地黄是药食两用的佳品，有补血养阴、填精益髓的作用。

肉末韭菜炒腐竹

主料

猪瘦肉 100 克，韭菜 50 克，腐竹 300 克

配料

盐 3 克，食用油适量

做法

① 猪瘦肉洗净，剁成末；韭菜洗净，切段；腐竹泡发洗净，切段。

② 锅注油烧热，放入猪瘦肉末煸炒，装盘待用；锅再注油烧热，放入腐竹段爆炒，再放入韭菜段、猪瘦肉末炒匀。

③ 加盐调味，装盘即可。

滋补保健功效

    本品香韧可口，常食有提高免疫力之功效。其中的腐竹含有多种矿物质，钙的含量最为丰富，孕妈妈常食用有利于补充所需的钙质。

土豆红烧肉

主料

五花肉 400 克，土豆 200 克，香菜 10 克

配料

盐 3 克，白糖 3 克，酱油适量，白醋适量，食用油适量，水淀粉适量

做法

① 五花肉洗净，切块。

② 土豆去皮洗净，切块。

③ 香菜洗净，切段。

④ 锅下油烧热，放入五花肉翻炒片刻，再放入土豆一起炒，加盐、白糖、酱油、白醋炒至八成熟；加适量水淀粉焖煮至汤汁收干，装盘，用香菜点缀即可。

滋补保健功效

    本品肉质鲜嫩，孕妈妈食用有补脾养胃、增强免疫力之功效。其中的土豆含有丰富的维生素 C、B 族维生素和膳食纤维，有和胃调中、降血压等作用。

蒜香白切肉

主料

带皮五花肉 250 克，黄瓜片 10 克，蒜泥适量，姜末适量

配料

香油适量，盐适量

做法

❶ 五花肉洗净切薄片，入开水中氽烫后捞出沥干，装盘。

❷ 将五花肉放入蒸锅里蒸熟，取出，用黄瓜片装饰。

❸ 将蒜泥、姜末、香油、盐调成料汁，蘸汁食用。

滋补保健功效

　　本品鲜香可口，孕妈妈食用有补虚、美容养颜之功效。蒜泥和白切肉搭配，不仅能减少油腻感，还有杀菌消毒、预防感冒的作用。

土豆泥

主料

土豆 300 克，洋葱 1 个，鸡蛋 1 个，葱花适量

配料

盐 2 克，香油适量

做法

❶ 土豆去皮洗净，切片，入沸水中煮熟后，捣成泥状。

❷ 洋葱洗净，切碎；鸡蛋煮熟，将蛋白切成小粒状，蛋黄捣碎。

❸ 土豆泥、洋葱末、蛋白和碎蛋黄一起入锅，加适量水煮开后熄火，加入盐和香油拌匀，撒上葱花即可。

滋补保健功效

　　本品软绵可口，有开胃之功效。土豆泥不仅美味可口，并且热量低，有和胃调中、健脾益气的作用，孕妈妈、小孩以及老人最宜食用。

娃娃菜炒五花肉

主料

五花肉 200 克，娃娃菜 200 克，红椒少许，葱 5 克

配料

盐 3 克，食用油适量，白醋适量

做法

❶ 五花肉洗净，切片；娃娃菜洗净，切条；红椒去蒂洗净，切圈；葱洗净，切段。

❷ 热锅下油，放入五花肉稍炒一会儿，再放入娃娃菜、红椒一起炒，加盐、白醋炒至入味，待熟，放入葱段略炒，起锅装盘即可。

滋补保健功效

　　本品香醇可口，常食有增强免疫力之功效。五花肉和清爽的娃娃菜搭配烹调，在减少油腻感的同时，营养更加丰富，很适合孕妈妈滋补身体之用。

洋葱炒猪肝

主料

猪肝 150 克，洋葱 100 克，土豆片 10 克，葱 10 克，姜 2 克，彩椒 2 克

配料

盐适量，芝麻酱适量，食用油适量

做法

❶ 猪肝洗净，切小块，加少许盐腌 15 分钟；葱洗净，切段；姜、彩椒、洋葱洗净，切片。

❷ 炒锅置火上，放油烧至六成热，下入彩椒、姜片、葱段炒香，放入猪肝、土豆片炒熟，加洋葱炒香。

❸ 下少许盐、芝麻酱调味，翻炒均匀，出锅盛盘即可。

滋补保健功效

　　本品香滑可口，孕妈妈常食有补气养血之功效。其中的猪肝含有丰富的蛋白质、维生素 A 以及铁，是补肝明目、养血驻颜的佳品。

坛肉干鲜菜

主料

五花肉 200 克，上海青 100 克，萝卜干 150 克，高汤适量

配料

盐 3 克，白糖 3 克，食用油适量，白醋适量

做法

❶ 五花肉洗净切块；萝卜干泡发，洗净；上海青洗净，焯水后捞出沥干，装入坛内。

❷ 起油锅，放入白糖烧化，放入肉块翻炒，加盐、白醋、水，煮至汤汁收浓，和萝卜干一起装在坛内。

❸ 加入高汤和适量开水，小火慢炖 30 分钟即可。

滋补保健功效

　　本品鲜香可口，其中的萝卜干富含 B 族维生素以及铁质，有降血压、开胃、消解油腻的作用。

素拌西蓝花

主料

西蓝花 200 克，胡萝卜 15 克，香菇 15 克

配料

盐适量，香油少许

做法

❶ 西蓝花洗净，切朵；胡萝卜洗净，切片；香菇洗净去蒂，切十字花刀。

❷ 将适量水烧开后，分别将胡萝卜、西蓝花和香菇放入开水中焯熟。

❸ 装盘，加入盐、香油拌匀即可。

滋补保健功效

　　本品清鲜淡爽，孕妈妈食用有健脾养胃之功效。其中的西蓝花含有丰富的维生素 C、钾、叶酸、维生素 A 等，是增强免疫力的佳品。

香菇冬笋煲鸡

主料

鸡肉 250 克，鲜香菇 80 克，冬笋 65 克，上海青 5 克，姜片 3 克，红椒圈适量

配料

盐少许，食用油适量

做法

❶ 将鸡肉处理干净，剁块氽水；香菇去根洗净，切片；

冬笋洗净切片；上海青洗净备用。

❷ 炒锅上火倒入油，将姜爆香，倒入水，放入鸡肉、香菇、冬笋，调入盐烧沸，放入上海青，撒上红椒圈即可。

滋补保健功效

本品香味浓郁、清香可口，常食有补虚益气、增强免疫力之功效，很适合孕妈妈滋补身体之用。

椰子银耳鸡汤

主料
椰子半个，净鸡半只，银耳 20 克，姜片 2 克，蜜枣
4 颗

配料
盐 3 克

做法

① 鸡洗净，剁成小块；椰子去壳取肉，切块。

② 银耳放清水中浸透，剪去硬梗，撕成小朵；椰子肉、蜜枣分别洗净。

③ 锅中放入适量水，加入所有主料，待水开后转小火煲 30 分钟，放盐调味即成。

滋补保健功效

本品清香可口，常食有补虚益气、美容养颜之功效。其中的椰肉含有大量的蛋白质、维生素及矿物质，孕妈妈食用对胎儿有益。

麦冬五味乌鸡汤

主料

乌鸡腿 100 克，麦门冬 5 克，五味子 3 克

配料

盐 3 克

做法

❶ 将乌鸡腿剁块，放入沸水中氽烫，捞起洗净。

❷ 将乌鸡腿和麦门冬、五味子放入锅中，加适量水以大火煮开，转小火续炖 30 分钟。

❸ 起锅前加盐调味即成。

滋补保健功效

　　本品汤浓味香，有增强免疫力之功效。对身倦乏力、食欲不振、失眠健忘等症有很好的食疗作用。

香干鸡片汤

主料

香干 65 克，鸡胸肉 100 克，香菜 10 克，葱段 4 克，枸杞子少许

配料

食用油适量，盐适量

做法

❶ 香干洗净切片；鸡胸肉洗净切片；香菜择洗干净，切成段备用；枸杞子洗净。

❷ 锅上火倒入油，将葱段炝香，下入鸡胸肉略炒，倒入水，调入盐烧沸，下入香干、枸杞子，炖煮 20 分钟，撒上香菜即可。

滋补保健功效

　　本品馨香可口，常食有强身健体之功效。其中的香干含有丰富的蛋白质、维生素 A、B 族维生素、钙、铁、镁、锌等营养素，对孕妈妈来说有较高的营养价值。

102

芥蓝炒虾仁

主料
虾仁 30 克，芥蓝 100 克

配料
盐适量，食用油少许

做法
① 将芥蓝洗净后切成段，用沸水焯一下，备用。
② 将虾仁洗净，除去虾线，用水浸泡片刻，下油锅翻炒。
③ 再下入芥蓝炒熟，加盐调味即可。

滋补保健功效
　　本品清香爽口，孕妈妈食用有促进消化、强健骨骼之功效。其中的芥蓝有利水消肿、消解疲乏、助消化的作用。

西芹鸡柳

主料
西芹 300 克，鸡胸肉 200 克，胡萝卜 20 克，蒜片 2 克，鸡蛋清 1 个

配料
盐适量，食用油适量，淀粉适量

做法
① 鸡胸肉洗净切条，加入鸡蛋清、盐、淀粉拌匀，腌 15 分钟。
② 西芹去筋洗净，切菱形，放入沸水中焯水片刻；胡萝卜洗净切片。
③ 油锅烧热，爆香蒜片，加入鸡胸肉、胡萝卜和西芹炒熟，用淀粉加水勾芡炒匀，加盐调味即成。

滋补保健功效
　　本品鲜香脆嫩，常食有增强体力之功效。平肝降压的西芹和补虚强身的鸡肉搭配，不仅营养美味，对妊娠高血压还有一定的食疗功效。

玉米芦笋

主料

芦笋 200 克，玉米笋 200 克，蒜末 5 克，姜汁适量

配料

盐适量，白糖适量，食用油适量，水淀粉适量

做法

❶ 芦笋洗净，切段。

❷ 玉米笋洗净切段，用沸水焯一下，捞起，沥干水分。

❸ 锅中加油烧热，下蒜末爆香，倒入玉米笋及芦笋段，烹入姜汁翻炒片刻，加盐、白糖及清水，烧开后用水淀粉勾芡即可。

滋补保健功效

本品清爽可口，常食有增进食欲、利水降压之功效。其中的玉米笋含有丰富的维生素、膳食纤维、矿物质，对孕妈妈有益。

芋头烧肉

主料

五花肉 250 克，芋头 150 克，葱花 5 克，鲜汤适量

配料

豆瓣酱少许，白糖适量，盐适量，食用油适量

做法

① 五花肉洗净，切小块；芋头去皮洗净，切滚刀块。

② 将五花肉和芋头过油后，捞出备用。

③ 锅中加油烧热，下豆瓣酱炒香，放入葱花略炒，加鲜汤熬汁后，放进五花肉，肉熟时下芋头烧至熟软，下白糖、盐调味即可。

滋补保健功效

　　本品绵软浓香，孕妈妈食用有补中益气之功效。其中的芋头含有丰富的黏液皂素及多种微量元素，和五花肉搭配，缓解油腻感的同时，还能增进食欲。

蒸肉卷

主料

五花肉 300 克，彩椒丝 20 克，白菜叶 150 克，刀刻萝卜花 1 朵，芹菜叶适量

配料

盐适量，水淀粉适量

做法

1. 将五花肉洗净，切成厚薄均匀的片，加盐搅拌均匀；锅中加水烧开，加盐，用水淀粉勾芡。

2. 每片五花肉卷上彩椒丝、白菜叶，整齐放入盘中，淋上芡汁。

3. 用大火蒸至熟烂，出锅，用萝卜花、芹菜叶装饰即可。

滋补保健功效

本品荤素搭配均匀，五花肉搭配白菜叶、彩椒丝，营养丰富、清香满口，很适合孕妈妈滋补身体之用。

玉米笋炒芹菜

主料

芹菜 250 克，玉米笋 100 克，彩椒丝 10 克，姜末 10 克，蒜末 10 克

配料

盐 3 克，食用油适量

做法

1. 玉米笋洗净，从中间剖开一分为二；芹菜洗净，切成与玉米笋长短一致的长度。

2. 将上述材料一起下入沸水锅中焯水，捞出，沥干水分。

3. 炒锅置大火上，下油爆香姜、蒜、彩椒丝，再倒入玉米笋、芹菜一起翻炒均匀，下入盐调味即可。

滋补保健功效

本品鲜香脆嫩，常食有润肠通便、降低血压之功效。爽口的玉米笋和芹菜搭配，富含膳食纤维，可以改善孕期便秘。

鸡腿菇煲排骨

主料

猪排骨 250 克，鸡腿菇 100 克，葱段 5 克，姜片 5 克

配料

酱油 5 毫升，盐适量

做法

❶ 先将猪排骨洗净，斩段，用少许盐、酱油稍腌；将鸡腿菇清洗干净，对切。

❷ 将猪排骨放入砂锅，加入水、葱、姜，以及少许盐煲熟，捞出装盘；保留砂锅中的汁水，下入鸡腿菇略煮，盛出铺入装有猪排骨的碗中即可。

滋补保健功效

鸡腿菇和猪排骨的营养都十分丰富，经常食用这道菜，有助于增进食欲、促进消化、增强免疫力，尤其适合孕妈妈食用。

竹笋鸡汤

主料

鸡肉 300 克，竹笋 3 根，姜片 2 克

配料

盐 3 克

做法

① 鸡肉洗净，剁块，放入锅内汆烫，捞出，冲净。

② 另起锅放水烧开，下入鸡块和姜片，大火烧开，改小火烧 15 分钟。

③ 竹笋去壳，洗净后切成厚片，放入鸡汤内同煮至熟软（约 10 分钟），然后加盐调味，即可熄火盛出。

滋补保健功效

本品汤味浓郁、清淡可口，常食有润肠通便之功效。心烦意乱、食欲不佳的孕妈妈宜常食此汤，有很好的改善作用。

洋葱炖猪排

主料

猪排骨 300 克，洋葱 100 克，姜末 5 克

配料

白糖 3 克，盐适量，食用油适量

做法

❶ 将洋葱洗净切成块；猪排骨洗净，剁块，和洋葱放在一起，加姜末、盐腌 15 ~ 30 分钟。

❷ 平底锅放油，油热后将猪排骨煎至八成熟。

❸ 换炒锅放油，放入洋葱爆香后，倒入猪排骨及腌猪排骨的汁，加水，用小火炖 20 分钟后，放白糖煮入味后出锅。

滋补保健功效

本品馨香适口，孕妈妈常食有强健身体、增强免疫力之功效。其中的洋葱能缓解压力、预防感冒，还有防老抗衰的作用。

葡萄干苹果饭

主料

苹果 150 克，葡萄干 30 克，大米 60 克

配料

盐 2 克

做法

❶ 苹果洗净切小丁。

❷ 将大米、葡萄干、苹果丁拌匀后加水，放入电锅内蒸熟即可。

滋补保健功效

苹果富含膳食纤维、有机酸、果胶，熟食具有通便、帮助消化的作用；其中所含的钾、镁，还能预防和消除疲劳。

芥蓝炒核桃

主料
芥蓝 350 克，核桃仁 200 克

配料
盐 3 克，食用油适量

做法
❶ 将芥蓝清洗干净，切段；将核桃仁清洗干净，入沸水锅中焯水，捞出沥干待用。

❷ 锅注油烧热，下入芥蓝爆炒，再倒入核桃仁一起翻炒片刻。

❸ 调入盐炒匀，装盘即可。

滋补保健功效

核桃仁含有较多的蛋白质以及人体营养必需的不饱和脂肪酸；将核桃与有增进食欲作用的芥蓝共同烹调，对胎儿的发育极为有益。

CHAPTER 03

孕晚期
（28～40周）饮食

孕晚期是指从怀孕28周算起，直到分娩结束。这段时间非常关键，关系着孕妈妈的顺利分娩和胎儿的营养健康。孕晚期需要吃些什么？本章为您推荐一些适合孕晚期食用的食谱。

孕晚期饮食指导

多喝酸奶

酸牛奶改变了牛奶的酸碱度，使牛奶的蛋白质发生变性凝固，结构松散，更容易被人体内的蛋白酶消化。酸奶中的乳糖经发酵，已分解成能被小肠吸收的半乳糖与葡萄糖，因此可避免某些人喝牛奶后出现腹胀、腹痛、解稀便等乳糖不耐受症状。由于乳酸能产生一些抗菌作用，因而酸奶对伤寒杆菌以及肠道中的有害生物的生长繁殖有一定的抑制作用，并且能在人体肠道里合成人体必需的多种营养物质。

调理饮食，控制体重

孕妈妈肥胖可导致分娩巨大胎儿，并易导致妊娠糖尿病、妊娠高血压、产后出血增多等症，因此妊娠期一定要合理膳食，均衡营养，不可暴饮暴食，注意防止肥胖。已经肥胖的孕妈妈，不能通过药物来减肥，可在医生的指导下，通过饮食调节来控制体重。

挑选适当的食用油

亚油酸几乎存在于所有植物油中，而亚麻酸仅存在于大豆油、亚麻籽油、核桃油等少数油种中。孕妈妈还可以选择以深海鱼为原料提炼而成的鱼油。如用坚果当加餐，坚果脂类含量丰富，可以作为不吃鱼的孕妈妈的一种营养补充剂。做菜时多选用植物油，植物油如大豆油、菜籽油、橄榄油等是不饱和脂肪酸的良好来源，但要控制用量。

适当喝点淡绿茶

孕妈妈最好不要喝茶太多、太浓，特别是少饮用浓红茶。不过，倘若孕妈妈嗜好喝茶，可以在这一时期适当饮用一些淡绿茶。绿茶中含有茶多酚、芳香油、矿物质、维生素等上百种成分，其中含锌量极为丰富。孕妈妈适当喝点淡绿茶，可防止妊娠水肿。

孕晚期饮食禁忌

忌常食温热补品

不少孕妈妈经常吃些人参、桂圆肉之类的补品，以为这样可以使胎儿发育得更好。其实，这类补品对孕妈妈和胎儿都是利少弊多，还有可能造成不良后果。妊娠期间，妇女月经停闭，脏腑经络之血皆注于冲任以养胎，母体全身处于阴血偏虚、阳气相对偏盛的状态，因此容易出现"胎火"。如果孕妈妈经常服用温热性的补品，势必导致阴虚阳亢，诱发高血压、便秘等症状。

忌大量吃夜宵

孕晚期胎儿生长快，孕妈妈消耗的热量多，很容易感觉到饿，因此不少孕妈妈会吃夜宵。不过，营养专家建议孕妇不要大量吃夜宵。夜晚是身体休息的时间，吃下夜宵之后，容易增加胃肠的负担，让胃肠道在夜间无法得到充分的休息。

此外，夜间身体的代谢率会下降，热量消耗也最少，因此多余的热量很容易转化为脂肪在体内堆积起来，造成体重过重。有一些孕妇到了孕晚期，容易产生睡眠问题，如果再吃夜宵，有可能会影响睡眠质量。

如果一定要吃夜宵，宜选择易消化且低脂肪的食物，如水果、五谷杂粮面包、燕麦片、低脂奶、豆浆等，最好在睡前2~3个小时进食；避免高油脂、高热量的食物，因为油腻的食物会使消化变慢，加重胃肠负担，甚至可能影响到隔天的食欲。

忌贪食荔枝

荔枝富含糖、蛋白质、脂肪、钙、磷、铁及多种维

生素等营养成分。孕妈妈吃荔枝每日以100~200克为宜，如果大量食用可引起高血糖。血糖浓度过高，易导致糖代谢紊乱，使糖从肾脏排出而出现糖尿。虽然高血糖可在2个小时内恢复正常，但是，反复大量食用荔枝，可使血糖浓度持续增高，易导致胎儿发育成巨大儿，孕妈妈容易并发难产、滞产、死产、产后出血及感染等。

孕晚期的必备营养素

DHA

　　DHA 是一种不饱和脂肪酸，和胆碱、磷脂一样，都是构成大脑皮层神经膜的重要物质，它能促进大脑细胞特别是神经传导系统的生长、发育；DHA 还能预防孕妈妈早产，增加胎儿出生时的体重，保证胎儿大脑和视网膜的正常发育。从孕期 18 周开始直到产后 3 个月，是胎宝宝大脑中枢神经元分裂和成熟最快的时期，持续补充高水平的 DHA，将有利于胎儿的大脑发育。

　　食物来源：核桃仁等坚果类食品在母体内经肝脏作用能生成 DHA。海鱼、海虾、鱼油等食物中的 DHA 含量较丰富。如果对鱼类过敏或者不喜欢鱼腥味的孕妈妈，可以在医生的指导下服用 DHA 制剂。

卵磷脂

　　卵磷脂既是神经细胞间信息传递介质的重要来源，也是大脑神经髓鞘的主要物质来源。充足的卵磷脂可提高信息传递的速度和准确性，使人思维敏捷，注意力集中，记忆力增强。如果孕期缺乏卵磷脂，孕妈妈会感觉疲劳，容易出现心理紧张、反应迟钝、头昏头痛、失眠多梦等症状，同时也会影响胎儿大脑的正常发育。

食物来源：富含卵磷脂的食物有蛋黄、大豆、谷类、小鱼、动物肝脏、鳗鱼、玉米油、葵花籽油等，但营养较完整、含量较高的是大豆、蛋黄和动物肝脏。

α－亚麻酸

α-亚麻酸是维系人体脑进化和构成人体大脑细胞的重要物质，为人体必需脂肪酸，是组成大脑细胞和视网膜细胞的重要物质。α-亚麻酸能控制基因表达，优化遗传基因，转运细胞物质原料，促进胎宝宝脑细胞的生长发育，降低神经管畸形和各种出生缺陷的发生率。α-亚麻酸在人体内不能自主合成，必须要从外界摄取。

食物来源：富含α-亚麻酸的食物有深海鱼虾类，如石斑鱼、鲑鱼、海虾等；坚果类，如核桃等。在含有α-亚麻酸的食物中，亚麻籽油的含量是比较高的。孕妈妈每天吃几个核桃或者用亚麻籽油炒菜都可以补充α-亚麻酸。

维生素 K

维生素 K 是一种脂溶性维生素，能合成血液凝固所必需的凝血酶原，加快血液的凝固速度，减少出血，降低新生儿出血性疾病的发病率。孕妈妈在孕期如果缺乏维生素 K，可能会导致孕期骨质疏松症或骨软化症的发生；也会造成胎儿体内凝血酶低下，容易发生消化道、颅内出血等症状。

食物来源：富含维生素 K 的食物有绿色蔬菜，如菜花、莴笋、萝卜等；烹调油，主要是大豆油和菜籽油。另外，奶油、乳酪、蛋黄、动物肝脏中的维生素K含量也较为丰富。

β－胡萝卜素

β-胡萝卜素是孕晚期的重要营养素，既有利于胎儿和母体，又有利于将来的哺乳。β-胡萝卜素在人体

内能够转化成维生素 A，可促进骨骼发育，有助于细胞、黏膜组织、皮肤的正常生长，增强人体的免疫力，对母体的乳汁分泌也有益。孕妈妈缺乏β-胡萝卜素，会直接影响胎儿的心智发展，此外，还会提高胎儿的患病率，易使新生儿出现反复性的气管、支气管等呼吸道炎症和肺部炎症。

食物来源：通常食物的颜色越深，其含有的β-胡萝卜素越多。富含β-胡萝卜素的食物主要有红色、橙色、黄色的蔬菜、水果以及绿色蔬菜，如西蓝花、生菜等。

草菇红烧肉

主料

五花肉 300 克，草菇 80 克，葱段 5 克，姜片 5 克

配料

白糖 3 克，盐 2 克，食用油适量

做法

❶ 草菇去蒂洗净，对切后沥干；五花肉刮洗干净，切成块。

❷ 油锅置火上，放入白糖炒化，然后放五花肉块煸炒，加入葱段、姜片略炒后倒入砂锅。

❸ 放入草菇，加适量水以大火烧沸，改小火焖 1 个小时，加盐再焖至五花肉块酥烂即可。

滋补保健功效

　　本品鲜香软嫩，常食有增强免疫力之功效。其中的草菇能补脾益气，是适合孕妈妈的营养保健食品。

黄瓜鹌鹑蛋

主料

黄瓜 100 克，鹌鹑蛋 250 克

配料

盐 3 克，酱油适量，蚝油少许，水淀粉适量

做法

❶ 将黄瓜清洗干净，切块；将鹌鹑蛋煮熟，去壳后放入碗内，放入黄瓜，调入酱油和盐，入锅蒸约 10 分钟后取出。

❷ 炒锅置火上，加少许蚝油和水烧开，用水淀粉勾薄芡后淋入碗中即可。

滋补保健功效

　　鹌鹑蛋的营养价值很高，可补气益血、强筋壮骨。黄瓜肉质脆嫩，富含有维生素、膳食纤维以及钙、磷、铁、钾等营养物质，可为孕妈妈提供丰富的营养。

番茄酱锅包肉

主料

猪里脊肉 400 克，胡萝卜丝 5 克，葱丝 5 克，姜丝 4 克

配料

白糖 3 克，白醋 5 毫升，番茄酱 10 毫升，食用油适量，水淀粉 10 毫升

做法

❶ 将猪里脊肉洗净切片，用水淀粉挂糊上浆备用。

❷ 热锅下油，投入猪里脊肉炸至外焦里嫩、色泽金黄时捞出。

❸ 锅留底油，下入葱丝、姜丝、胡萝卜丝炒香，放入白糖、白醋、番茄酱烧开，放入猪里脊肉快速翻炒几下即可。

滋补保健功效

本品酸甜可口，有增进食欲之功效。食欲不佳的孕妈妈适宜食用此菜品。

粉丝蒸大白菜

主料
粉丝 200 克，大白菜 100 克，蒜蓉 5 克，枸杞子 10 克，葱花少许

配料
盐 2 克，香油适量

做法

❶ 粉丝洗净泡发；枸杞子洗净；大白菜洗净切成大片。

❷ 将大片的大白菜垫在盘中，再将泡好的粉丝、枸杞子置于大白菜上。

❸ 将备好的材料入锅蒸 10 分钟，取出，用蒜蓉、盐、香油拌匀，撒上葱花即可。

滋补保健功效

　　本品清香爽口，常食有促进食欲之功效。孕妈妈食欲不佳时，不妨尝试食用此菜品。

茶树菇炒五花肉

主料

五花肉 300 克，茶树菇 150 克，蒜 5 克，蒜苗 10 克，彩椒 8 克

配料

盐 3 克，食用油适量，豆豉酱适量

做法

❶ 五花肉洗净，切片；茶树菇洗净，切段；蒜去皮洗净，切末；蒜苗洗净，切段；彩椒去蒂洗净，切片。

❷ 锅下油烧热，入蒜爆香，放入五花肉炒至五成熟，放入茶树菇、彩椒翻炒，加盐、豆豉酱调味。

❸ 待熟，放入蒜苗略炒，起锅盛盘即可。

滋补保健功效

　　本品鲜香软嫩、浓郁可口，有增强免疫力之功效，孕妈妈可以经常食用。

大白菜包肉

主料

大白菜 300 克，猪肉馅 150 克，葱末 5 克，姜末 5 克，高汤适量

配料

盐 3 克，香油适量，酱油适量，淀粉适量

做法

❶ 大白菜取嫩叶择洗干净。

❷ 猪肉馅加上葱末、姜末、盐、酱油、淀粉搅拌均匀；将调好的肉馅放在菜叶中间，包裹好。

❸ 将包好的菜包放入盘中，加高汤，入蒸锅用大火蒸 10 分钟至熟，取出淋上香油即可食用。

滋补保健功效

　　本品鲜香软嫩，常食有增强免疫力之功效。经常吃些大白菜，可以促进机体新陈代谢，对孕妈妈和胎儿都有好处。

富贵缠丝肉

主料

五花肉 250 克，上海青 200 克，彩椒丁 10 克，葱花 10 克，泡菜适量

配料

盐 3 克，食用油适量，番茄酱适量，白醋适量，水淀粉适量

做法

❶ 五花肉洗净切片。

❷ 上海青洗净，焯水后摆盘。

❸ 将五花肉用泡菜叶包裹成肉卷备用。

❹ 锅下油烧热，放入肉卷略煎，加盐、番茄酱、白醋、水淀粉调味；稍微加点水，烧到汤汁变浓，待熟，摆盘，撒上彩椒丁、葱花，放入装有上海青的盘里即可。

滋补保健功效

　　本品浓郁馨香，常食有强身健体之功效。其中的五花肉含有多种营养成分，适量食用对孕妈妈和胎儿有益。

白菜烧小丸子

主料

白菜叶 300 克，猪肉丸子 200 克，葱 5 克

配料

盐 2 克，食用油适量，淀粉适量

做法

❶ 白菜叶洗净切段；葱洗净，切葱花；淀粉加水拌匀备用。

❷ 锅中倒油加热，下白菜叶炒熟，倒入猪肉丸子，加适量水烧熟。

❸ 加盐调味，最后倒入水淀粉勾芡，出锅撒上葱花即可。

滋补保健功效

　　本品香嫩酥软，常食有强壮身体之功效。白菜和猪肉丸子搭配，能帮孕妈妈清热除烦，还有润肠通便、促进食欲的作用。

双耳煲鸡

主料

鸡肉250克，黑木耳20克，银耳50克，姜3克，葱丝3克，彩椒丝适量

配料

盐少许，香油适量，食用油适量

做法

❶ 将鸡肉洗净剁小块；黑木耳、银耳均泡发洗净，撕成小块。

❷ 姜洗净切丝。

❸ 净锅上火，倒入油，将姜丝炝香，下入鸡块、黑木耳、银耳同炒，倒入水，调入盐煲至熟，淋入香油，撒入葱丝、彩椒丝即可。

滋补保健功效

本品味美清香，常食有润肺清肠之功效。其中的银耳有益气清肠、滋阴润肺的作用，适合孕妈妈食用。

菜花炒西红柿

主料

菜花 250 克，西红柿 200 克，香菜 3 克

配料

盐适量，食用油适量

做法

❶ 菜花去除根部，切成小朵，用清水洗净，焯水，捞出沥干水待用；香菜洗净切小段。

❷ 西红柿洗净，切小丁。

❸ 锅中加油烧至六成热，将菜花和西红柿丁放入锅中，调入盐翻炒均匀，盛盘，撒上香菜段即可。

滋补保健功效

本品脆嫩清爽，有开胃消食之功效。菜花和西红柿搭配，含有丰富的维生素和矿物质，孕妈妈食用不仅能补充营养，还能改善便秘。

蚝油鸡片

主料

鸡肉 300 克，草菇 100 克，彩椒 100 克

配料

盐 3 克，食用油适量，蚝油 5 毫升

做法

❶ 鸡肉洗净，切片，加盐腌 15 分钟；彩椒、草菇洗净，
切片，分别入水焯一下。

❷ 炒锅上火，加油烧至六成热，下鸡肉炒至颜色发白，
加彩椒、草菇炒香。

❸ 加蚝油、盐调味，盛盘即可。

豆筋红烧肉

主料

五花肉 400 克，豆筋 150 克，葱 10 克

配料

盐 3 克，白糖适量，白醋适量，食用油适量

做法

❶ 五花肉洗净，切块；豆筋泡发洗净，切块；葱洗净
切葱花。

❷ 锅入水烧开，放入五花肉余水，捞出沥干备用。

❸ 起油锅，入白糖，炒出糖色，放入五花肉炒至出油，
再放入豆筋一起炒，加盐、白醋炒匀，加适量清水，
煮熟盛盘，撒上葱花即可。

滋补保健功效

　　本品鲜香脆嫩，常食有补虚益气之功效。其中的蚝
油尤其适合缺锌的孕妈妈。

滋补保健功效

　　本品香韧可口，孕妈妈食用有补虚强身之功效。其
中的豆筋含有丰富的蛋白质及多种营养成分，是高蛋
白、低脂肪的天然营养品。

白灼西蓝花

主料

西蓝花 300 克，葱白适量，彩椒丝少许

配料

盐适量，酱油适量

做法

① 西蓝花洗净，用手掰成小朵；葱白洗净，切丝。

② 锅入水烧开，放入西蓝花焯熟，装盘，入酱油、盐调味，用葱白丝、彩椒丝点缀其上即可。

韭黄肉丝

主料

猪肉 200 克，韭黄 100 克，彩椒 5 克

配料

食用油适量，盐适量，香油适量，水淀粉适量

做法

① 猪肉洗净，切丝，加盐、水淀粉腌渍上浆。

② 韭黄洗净，切段；彩椒洗净切条。

③ 油锅烧热，入肉丝滑熟，盛出。

④ 再热油锅，入彩椒炒香，下韭黄略炒，放入肉丝，调入盐炒匀，淋上香油即可。

黄豆芽拌荷兰豆

主料

黄豆芽 100 克，荷兰豆 80 克，菊花瓣 10 克，彩椒 3 克

配料

盐 3 克，酱油 10 毫升，香油 10 毫升

做法

❶ 黄豆芽掐去头尾，洗净，放入沸水中焯一下，沥干水分，装盘；荷兰豆洗净，放入开水中烫熟，切成丝，装盘。

❷ 菊花瓣洗净，放入开水中焯一下；彩椒洗净，切丝。

❸ 将盐、酱油、香油调匀，淋在黄豆芽、荷兰豆上拌匀，撒上菊花瓣、彩椒丝即可。

滋补保健功效

　　本品清鲜淡爽，常食有增强免疫力之功效。其中的黄豆芽含有丰富的蛋白质、膳食纤维、维生素及矿物质，孕妈妈食用有健脾补气的作用。

芥菜叶拌豆丝

主料

芥菜叶 100 克，豆腐皮 100 克

配料

盐 3 克，白糖 3 克，香油适量

做法

❶ 将豆腐皮洗净后切成长细丝，入沸水中焯熟备用。

❷ 将芥菜叶清洗干净，切段，放沸水锅中烫熟即捞出，晾凉，沥水。

❸ 将豆腐丝、芥菜放在盘内，加入盐、白糖、香油拌匀即可。

滋补保健功效

　　本品清爽可口，常食有开胃消食、强健骨骼之功效。孕妈妈食欲不佳，可尝试食用此菜品。

南瓜红烧肉

主料

五花肉 300 克，南瓜 1 个，芹菜叶少许

配料

食用油适量，盐 3 克，白糖适量

做法

❶ 五花肉洗净，切块。

❷ 南瓜洗净，将瓜囊掏空，做成一个容器状。

❸ 起油锅，入白糖烧化，倒入肉块迅速翻炒，加入盐，稍微加一点水，小火煮 20 分钟。

❹ 等汤汁收浓，起锅盛在南瓜内，上蒸锅蒸 20 分钟，盛盘，用芹菜叶装饰即可。

滋补保健功效

　　本品香嫩软绵，常食有增强免疫力之功效。其中的南瓜含有丰富的胡萝卜素和维生素 C，适合孕妈妈食用。

上海青红烧肉

主料

五花肉 300 克，上海青 200 克，葱花适量，鸡汤适量，蒜 15 克

配料

白糖 3 克，盐 3 克，食用油适量

做法

❶ 五花肉洗净，氽水后切方块。

❷ 上海青洗净；蒜去皮洗净。

❸ 锅内入油，加白糖炒上色，放入五花肉、盐、蒜、鸡汤煨至肉烂浓香。

❹ 上海青焯熟后置碗底，将红烧肉摆放正中，撒上葱花即可。

滋补保健功效

　　本品肉质鲜美、可口，有滋阴润燥之功效。五花肉肥瘦相当，是孕妈妈的滋补佳品，可适当食用。

枸杞子大白菜

主料
大白菜 300 克，枸杞子 10 克，上汤适量

配料
盐 3 克，水淀粉 15 毫升

做法
① 将大白菜洗净切片。

② 枸杞子入清水中浸泡后洗净。

③ 锅中倒入上汤煮开，放入大白菜煮至软。

④ 放入枸杞子，加盐调味，用水淀粉勾芡即成。

荷兰豆煎藕饼

主料
莲藕 250 克，猪肉 200 克，荷兰豆 50 克，彩椒适量

配料
盐 3 克，白糖 3 克，食用油适量

做法
① 莲藕去皮洗净，切成连刀片；彩椒洗净，去籽，切小片。

② 猪肉剁成末，拌入盐和白糖；荷兰豆去筋，焯水至熟。

③ 将猪肉馅放入藕夹中，入油锅煎至金黄色，装盘，再摆上荷兰豆，饰以彩椒片即可。

滋补保健功效

　　本品鲜香软嫩、晶莹剔透，有润肠通便之功效。白菜中含有的维生素 C 可以促进人体对枸杞子中铁元素的吸收，孕妈妈常食能预防贫血。

滋补保健功效

　　本品清香可口，营养丰富。其中的莲藕富含淀粉、蛋白质和维生素，孕妈妈食用可补养五脏、滋阴养血。

清蒸武昌鱼

主料

武昌鱼 500 克，姜丝 10 克，葱丝 10 克，彩椒 10 克，香菜 5 克

配料

盐适量，酱油适量，香油适量

做法

❶ 将武昌鱼处理干净；将彩椒清洗干净，切丝。

❷ 将武昌鱼放入盘中，抹上少许盐腌渍约 5 分钟。

❸ 将鱼放入蒸锅，撒上姜丝，蒸至熟后取出，撒上葱丝、彩椒丝、香菜，淋上用酱油、香油调成的味汁。

滋补保健功效

这道菜中鱼肉鲜美，汤汁清澈，原汁原味，淡爽鲜香。此菜容易消化吸收，能补充蛋白质、多种维生素以及矿物质，有利于胎儿的生长发育。

魔芋煲鸭

主料

鸭肉 200 克,魔芋 80 克,彩椒块 5 克,葱花 3 克,姜 2 克,香菜段 2 克

配料

盐 3 克,食用油适量,香油适量

做法

❶ 鸭肉洗净切块;姜洗净切片;魔芋洗净切块备用。

❷ 将鸭肉入锅氽水,捞起沥干。

❸ 油锅烧热,放入姜、彩椒块炒香,下入鸭肉、魔芋爆炒片刻,放入锅中,加水,用小火煲制 50 分钟。

❹ 待鸭熟透后,加入盐,撒上葱花、香菜段,淋上香油即可。

滋补保健功效

本品鲜香美味,常食有补虚益气、美容养颜之功效。魔芋和鸭肉搭配食用,可提高孕妈妈的免疫力。

肉末蒸茄子

主料

猪肉 100 克，茄子 300 克，橄榄菜 50 克，葱 5 克，红椒圈 5 克

配料

盐 3 克，白醋适量

做法

❶ 猪肉洗净，切末；茄子去蒂洗净，切条。

❷ 将橄榄菜洗净，切末；葱洗净，切段。

❸ 锅入水烧开，放入茄子焯烫片刻，捞出沥干，与肉末、橄榄菜、盐、白醋混合均匀，装盘，放上葱段、红椒，入锅蒸熟即可。

木耳白菜油豆腐

主料

干黑木耳 100 克，白菜 200 克，油豆腐 150 克，胡萝卜 30 克，彩椒块 20 克

配料

白糖 3 克，白醋 3 毫升，盐 3 克，食用油适量

做法

❶ 干黑木耳泡发，洗净，撕成片；白菜洗净，撕成片；油豆腐、胡萝卜洗净，切片。

❷ 锅倒油烧热，放入白菜片、油豆腐、黑木耳炒至微软，倒入白糖、白醋，倒入胡萝卜、彩椒，翻炒至熟。

❸ 加入盐炒匀，出锅即可。

滋补保健功效

本品咸香可口，常食有防治高血压之功效。其中的茄子能保护心血管，对孕妈妈有益。

滋补保健功效

本品劲道美味，有排毒养颜、降低血糖的作用。豆腐是豆制品的精华，蛋白质丰富，适合孕妈妈食用。

千层圆白菜

主料

圆白菜 300 克，彩椒少许，白芝麻少许

配料

盐 3 克，酱油适量，白醋适量，香油适量

做法

1. 圆白菜、彩椒洗净，分别切块、切片，放入开水中稍烫，捞出，沥干水分，装盘。
2. 用盐、酱油、白醋、香油调成味汁，淋入盘中。
3. 最后撒上白芝麻即可。

滋补保健功效

　　本品清新爽口，有促进食欲之功效。其中的圆白菜热量低，营养价值高，能润肠通便，非常适合孕妈妈食用。

牛腩蒸白菜

主料

牛腩 100 克，白菜 200 克，香菜段适量

配料

盐 3 克，白醋适量，香油适量

做法

1. 牛腩洗净切片，加盐腌渍，氽水后捞出；白菜洗净，切长条，摆入盘中，放上牛腩。
2. 将盐、白醋、香油调成味汁，淋在牛腩、白菜上。
3. 将备好的材料入锅蒸至熟透，撒上香菜段即可。

滋补保健功效

　　本品鲜香脆嫩，常食有增强免疫力之功效。其中的牛腩含有丰富的蛋白质，还是孕妈妈所需铁元素的最佳来源。

千层莲花菜

主料

圆白菜 300 克，彩椒丁 10 克，鸡汤适量

配料

盐 3 克，香油适量

做法

❶ 圆白菜洗净，切块，放入开水中稍烫，捞出，沥干水
分，装盘。

❷ 用盐、鸡汤、香油调成味汁，淋入盘中。

❸ 撒上彩椒丁即可。

滋补保健功效

本品清香爽脆，有补中益气、开胃消食之功效。用
鸡汤烹制的圆白菜，既清爽开胃，对孕妈妈还有很好的
滋补功效。

清汤狮子头

主料

猪肉 300 克，木耳菜 30 克，胡萝卜 50 克，荸荠 20 克

配料

盐适量，淀粉适量

做法

❶ 把猪肉、荸荠、胡萝卜处理干净，剁碎，加入适量盐、淀粉拌匀，挤捏成丸子；木耳菜洗净备用。

❷ 锅内加入水，水开后放入丸子，煮 20 分钟。

❸ 快起锅时，把木耳菜放入锅里的汤中烧约 2 分钟至熟，加盐调味即可。

滋补保健功效

　　本品鲜香软嫩，常食有强身健体之功效。孕妈妈应当多吃胡萝卜，补充胡萝卜素，提高自身免疫力。

葱香爆肉

主料

五花肉 350 克，彩椒条 8 克，葱段适量

配料

盐 3 克，食用油适量

做法

❶ 五花肉洗净，切块备用。

❷ 油锅烧热，下五花肉炒熟，入彩椒、葱段同炒片刻，用盐调味即可。

肉末粉丝小白菜

主料

猪肉 300 克，小白菜 200 克，粉丝 50 克，彩椒适量

配料

盐 3 克，食用油适量，淀粉 5 克

做法

❶ 猪肉洗净，切末，用淀粉拌匀；小白菜洗净，切小段；粉丝用水泡软；彩椒洗净，切片。

❷ 油锅烧热，将肉末入锅翻炒至变色，小白菜入锅，用大火快炒片刻，放入粉丝和彩椒翻炒，加盐调味，起锅装盘即可。

滋补保健功效

本品鲜香可口，常食有增强免疫力之功效。其中的葱有祛风发汗、解毒消肿的作用，对孕妈妈有益。

滋补保健功效

本品鲜香美味、清爽可口，食欲不佳的孕妈妈可尝试食用此菜品。

板栗红烧肉

主料

五花肉 300 克，板栗 200 克，上海青 200 克

配料

盐 3 克，白糖 3 克，食用油适量，水淀粉适量

做法

❶ 五花肉洗净，切丁；板栗去壳、膜后洗净；上海青洗净备用。

❷ 锅入水烧开，入上海青焯水，捞出沥干摆盘。

❸ 锅下油烧热，入白糖化开，放入五花肉翻炒，再入板栗一起炒；加盐调味，加适量水焖熟，待汤汁快收干时以水淀粉勾芡，盛在盘中的上海青上即可。

滋补保健功效

　　本品软糯可口，常食有补虚强身的作用。其中的板栗营养丰富，对孕妈妈有补益作用。

珊瑚圆白菜

主料

圆白菜 200 克，彩椒 10 克，冬笋 50 克，泡发香菇 20 克，葱 15 克，姜 10 克

配料

盐 3 克，白糖 3 克，白醋少许，食用油适量

做法

❶ 将除圆白菜外的所有主料洗净切丝；圆白菜洗净撕片，放入开水中焯烫，捞出装盘。

❷ 锅中加油烧热，放入葱丝、姜丝、香菇丝、冬笋丝、彩椒丝、盐翻炒。

❸ 加入清水，煮开后调入白糖，浇入装有圆白菜的盘中，淋入白醋，拌匀即可。

滋补保健功效

　　本品清新爽口，有促进食欲之功效。孕妈妈食用此菜品，不仅能补充身体所需的维生素，还能润肠通便，改善便秘。

乳鸽炖洋葱

主料

乳鸽 300 克，洋葱 200 克，姜 5 克，高汤适量

配料

白糖 3 克，食用油适量，盐适量

做法

❶ 将乳鸽洗净，切成小块；洋葱洗净，切成角状；姜去皮洗净，切片。

❷ 锅中加油烧热，下入洋葱片、姜片爆炒至出味。

❸ 再下入乳鸽，加入高汤及水，用小火炖 30 分钟，放白糖、盐煮至入味后出锅即可。

滋补保健功效

本品肉质鲜美、汤味浓郁，对孕妈妈有补虚强身之功效。

乳鸽煲三脆

主料

乳鸽 1 只，猪耳 100 克，牛百叶 100 克，干黑木耳 20 克，葱末 5 克，姜片 5 克，彩椒适量，香菜梗适量，高汤适量

配料

食用油适量，盐适量

做法

① 将乳鸽杀洗干净，斩块汆水，捞出沥干。

② 猪耳、牛百叶均洗净切条。

③ 干黑木耳泡发洗净，撕成小块备用。

④ 彩椒洗净，切成条；香菜梗洗净，切段。

⑤ 炒锅上火，倒入油，将葱、姜爆香，倒入高汤，调入盐，下入乳鸽、猪耳、牛百叶、黑木耳煲至熟，撒上彩椒条、香菜梗即可。

滋补保健功效

本品鲜香脆嫩、营养全面，有补虚益气、补肾强身之功效，很适合孕妈妈滋补身体之用。

山药牛肉汤

主料
山药 200 克，牛肉 125 克，枸杞子 5 克，香菜末 3 克

配料
盐 3 克

做法
❶ 将山药去皮洗净，切块。

❷ 牛肉洗净切块，汆水。

❸ 枸杞子洗净备用。

❹ 净锅上火倒入水，调入盐，下入山药、牛肉、枸杞子煲至熟，撒入香菜末即可。

滋补保健功效
　　本品浓郁香滑，有补脾益气、补血养颜之功效。身体瘦弱、腰膝酸软无力的孕妈妈最宜用此汤滋补身体。女性经常食用此汤，还能起到滋润皮肤的作用。

冬笋鱼块煲

主料
草鱼 300 克，清水冬笋 100 克，葱段 3 克，枸杞子少许

配料
盐少许

做法
❶ 将草鱼处理干净，斩块。

❷ 清水冬笋洗净切块备用。

❸ 净锅上火倒入水，调入盐，下入鱼块、清水冬笋、葱段、枸杞子煲至熟即可。

滋补保健功效
　　本品清鲜淡爽，常食有健脾、通便之功效。孕妈妈经常食用此菜品，不仅能预防便秘，对胎儿也有很好的滋补作用。

蒜末鸡汤娃娃菜

主料

娃娃菜 300 克, 粉丝 100 克, 蒜 5 克, 彩椒 10 克, 葱 5 克, 鸡汤适量

配料

盐 4 克

做法

❶ 娃娃菜洗净, 切四瓣, 置于粉丝上; 蒜去皮, 洗净切末, 撒在娃娃菜上; 彩椒、葱洗净, 切末备用。

❷ 将盐加入鸡汤中, 调匀, 淋在娃娃菜和蒜末上。

❸ 将娃娃菜放入蒸锅蒸 10 分钟, 出锅时撒上葱末和彩椒末即可。

滋补保健功效

　　本品清香爽口, 常食有增强免疫力之功效。孕妈妈吃娃娃菜可以补充叶酸, 还有润肠通便的作用。

香炒白菜帮

主料

白菜帮 400 克, 姜 10 克, 彩椒 10 克, 葱丝适量

配料

盐 2 克, 白醋 5 毫升, 白糖 3 克, 食用油适量

做法

❶ 白菜帮洗净, 竖切条; 姜去皮, 洗净切丝; 彩椒洗净切丝。

❷ 锅中倒油烧热, 下姜丝、葱丝和彩椒丝, 加入白菜帮, 翻炒至断生。

❸ 加入盐、白醋、白糖, 炒匀即可。

滋补保健功效

　　本品酸甜可口、不油腻, 有刺激食欲、促进消化之功效。孕妈妈口淡无味、食欲不振时适宜食用此菜品。

虾米白萝卜丝

主料

虾米 50 克，白萝卜 100 克，姜 1 块，彩椒少许，葱段适量

配料

盐 2 克，食用油适量

做法

❶ 将虾米泡发；白萝卜洗净切丝；姜洗净切丝；彩椒洗净切小片待用。

❷ 炒锅置火上，加水烧开，下白萝卜丝焯水，倒入漏勺滤干水分。

❸ 炒锅上火，加入食用油，炝香姜丝、葱段，下白萝卜丝、彩椒片、虾米翻炒至熟，放入盐，炒匀出锅即可。

滋补保健功效

　　本品清新爽口。富含钙质的虾米和维生素含量丰富的白萝卜搭配食用，有强健骨骼、刺激食欲的作用，适合孕妈妈食用。

香菜豆腐鱼头汤

主料
鳙鱼头 300 克，豆腐 150 克，香菜 5 克，姜 2 片

配料
食用油适量，盐适量

做法

❶ 鱼头去鳃，剖开，用盐腌 20 分钟，洗净；香菜洗净。

❷ 豆腐洗净，沥干水，切块；将豆腐、鱼头入油锅两面煎至金黄色，捞出。

❸ 锅中下入鱼头、姜，加入沸水，大火煮沸后，加入煎好的豆腐，煲 30 分钟，放入香菜，用盐调味即可。

滋补保健功效

本品浓郁香滑。补脑益智、延缓衰老的鳙鱼头和宽中益气、清热润燥的豆腐搭配，有很好的补益作用，对孕妈妈和胎儿有益。

竹笋鸭煲

主料
鸭肉 300 克，竹笋 30 克，火腿 20 克，上海青适量，枸杞子适量

配料
盐 3 克

做法

❶ 鸭肉洗净，切块；竹笋洗净，切成条；火腿洗净，切片；上海青洗净，撕片；枸杞子洗净。

❷ 锅内注水，放入鸭块、火腿、竹笋、枸杞子焖煮至汤色变浓时，加入上海青。

❸ 煮至上海青熟后，加入盐调味，起锅即可。

滋补保健功效

　　本品汤鲜肉嫩、浓郁香滑，孕妈妈食用有增强免疫力、滋阴养颜之功效。

黑豆炖鸭

主料
黑豆 10 克，鸭肉 300 克

配料
盐适量，白醋少许

做法

❶ 将鸭肉洗净，用少许盐抹一遍，让咸味入内。

❷ 黑豆洗净，用清水提前浸泡 5 ～ 6 个小时。

❸ 将鸭肉、黑豆放入锅中，加入适量清水，大火煮开后，小火炖制 50 分钟至鸭熟软，食前滴少许白醋调味即可。

滋补保健功效

　　本品酥烂馨香。补血养颜的黑豆和滋阴的鸭肉搭配食用，对孕妈妈有很好的补益作用。

凉拌玉米

主料
玉米粒 300 克，彩椒 100 克

配料
盐 3 克，香油适量

做法
1 将彩椒洗净去蒂，切成粒状。

2 锅上火，加水烧沸后，将玉米粒下入稍焯，捞出，盛入碗内。

3 玉米碗内加入彩椒粒、盐、香油，拌匀即可。

香芹肉丝

主料
猪肉 200 克，芹菜 200 克，红椒 15 克

配料
盐 3 克，食用油适量

做法
1 将猪肉洗净，切丝；芹菜洗净，切段；红椒洗净，切圈。

2 锅下油烧热，放入肉丝略炒片刻，再放入芹菜，加盐调味，炒熟装盘，用红椒圈装饰即可。

滋补保健功效
　　本品清香爽口。口淡无味、食欲不振、经常便秘的孕妈妈适宜食用此菜品。

滋补保健功效
　　本品清香爽口。补虚强身、滋阴润燥的猪肉和凉血止血、清肠通便的芹菜搭配食用，可预防便秘。

菜香东坡肉

主料
五花肉 450 克，上海青 50 克

配料
盐 3 克，白糖 3 克，食用油适量，淀粉适量

做法

❶ 将一整块五花肉洗净，连着表皮，切方丁；上海青洗净备用。

❷ 锅入水烧开，放入上海青焯水，捞出沥干后摆盘。

❸ 将一整块五花肉摆在上海青上，一起入蒸锅蒸熟后取出。

❹ 起油锅，将配料一起做成味汁，均匀地淋在五花肉上即可。

滋补保健功效

本品色泽红亮，味醇汁浓，软糯可口，对孕妈妈有补虚强身之功效。

油爆虾仁

主料
虾仁 300 克，彩椒 10 克，黄瓜 15 克，芹菜叶适量，刀刻萝卜花 1 朵

配料
盐 3 克，食用油适量

做法
❶ 虾仁洗净；彩椒去蒂洗净，切圈；黄瓜洗净，切成片。

❷ 油锅烧至五成热，放入虾仁翻炒一会儿，再放入彩椒同炒，加盐调味，炒熟装盘。

❸ 将切好的黄瓜片摆盘，用芹菜叶和刀刻萝卜花装饰即可。

滋补保健功效

　　本品脆嫩可口，常食有强健骨骼的作用，适合孕妈妈食用。

洋葱牛肉丝

主料
洋葱 150 克，牛肉 150 克，姜末 3 克，蒜末 5 克，葱花适量

配料
食用油适量，盐适量

做法
❶ 牛肉洗净，去筋后切丝；洋葱洗净，切丝。

❷ 将牛肉丝用盐腌渍。

❸ 锅上火，加油烧热，放入牛肉丝快火煸炒，再放入蒜末、姜末；待牛肉炒出香味，放入洋葱丝略炒，用盐调味，撒上葱花即可。

滋补保健功效

　　本品鲜香可口。提神醒脑、缓解压力的洋葱和补中益气、健补脾胃的牛肉搭配，孕妈妈食用可补虚强身、益气养血。

芋儿娃娃菜

主料
娃娃菜 300 克，小芋头 300 克，彩椒适量，鸡汤适量

配料
盐 3 克，淀粉适量

做法
❶ 娃娃菜洗净切成 6 瓣，装盘；小芋头去皮洗净，摆在娃娃菜周围。

❷ 彩椒洗净，部分切丝，撒在娃娃菜上；剩余彩椒切丁，摆在小芋头上。

❸ 淀粉加鸡汤及水，调入盐，搅匀浇在盘中，入锅蒸 15 分钟即可。

滋补保健功效

　　本品软糯可口，常食有润肠通便之功效。其中的芋头含有大量的淀粉、矿物质及维生素，很适合孕妈妈食用。

芋头扣鸭肉

主料
鸭肉 200 克, 芋头 200 克

配料
盐 3 克, 番茄酱适量, 淀粉 5 克, 蒸肉粉 8 克

做法

❶ 鸭肉洗净, 剁块; 芋头去皮, 切成薄片后摆入碗底。

❷ 鸭肉加蒸肉粉、淀粉拌匀, 然后倒入芋头碗中。

❸ 锅内注入适量水, 上蒸架, 放鸭肉、芋头入锅, 撒上盐, 拌上番茄酱, 蒸 1 个小时, 取出扣入盘中即可。

滋补保健功效

　　本品鲜香酥软。益胃宽肠、补肝益肾的芋头和滋阴补虚的鸭肉搭配, 很适合孕妈妈食用。

洋葱肚丝

主料
猪肚 250 克, 洋葱 150 克, 彩椒 10 克, 葱 10 克, 蒜 10 克

配料
香油适量, 盐 3 克, 酱油适量

做法

❶ 将猪肚洗净, 用少许盐腌去腥味, 洗去盐分, 入沸水氽熟, 捞出沥干水分, 切丝。

❷ 洋葱洗净切丝, 入沸水中焯熟; 葱洗净, 切葱花; 彩椒洗净, 部分切丝, 部分切圈; 蒜去皮洗净, 剁成蒜蓉。

❸ 将葱、蒜、彩椒、香油、酱油、剩余盐拌匀, 淋到猪肚丝、洋葱丝上, 拌匀即可。

滋补保健功效

　　洋葱、彩椒和猪肚搭配, 香韧可口, 让人食欲大开。其中的猪肚有补虚损、健脾胃的作用, 适合孕妈妈食用。

芋头烧鸡

主料

鸡肉 300 克，芋头 200 克，彩椒 10 克，姜片 5 克，葱段 5 克

配料

盐 3 克，食用油适量

做法

❶ 将芋头洗净，切成块；鸡肉洗净，剁成块；彩椒洗净，切块。

❷ 将鸡肉块下入沸水中氽烫后，捞出；芋头焯烫备用。

❸ 锅中加油烧热，炝香姜片和葱段，下入鸡肉炒开，加入芋头、彩椒、盐炒至熟即可。

滋补保健功效

芋头和鸡肉搭配，营养丰富，具有补气养肾、健脾胃的功效，很适合孕妈妈秋季滋补食用。

红烧蹄髈

主料

猪蹄髈 1 个，葱段 15 克，姜片 10 克，焯水西蓝花适量

配料

盐适量，冰糖适量

做法

❶ 猪蹄髈处理干净备用。

❷ 锅上火，加水适量，放入配料、葱段、姜片和猪蹄髈，用大火烧开。

❸ 转小火炖至八成熟烂时，将猪蹄髈翻身，炖至酥烂，装盘后用西蓝花装饰。

滋补保健功效

猪蹄髈含有较多的蛋白质、脂肪和碳水化合物，可加速新陈代谢，延缓机体衰老，很适合四肢乏力的孕妈妈食用，但要注意适量。

CHAPTER 04

月子期
（产后42天）饮食

月子期在医学上指的是产褥期，主要是指从分娩结束到产妇身体恢复至孕前状态的一段时间。这段时间，产妇急需补充营养。产褥期的营养充足与否，直接关系到产妇的身体康复及新生儿的健康成长。本章为您推荐一些月子期适宜食用的营养食谱。

产后饮食知多少

要满足产妇对营养的需求，饮食方法很重要，不仅要注意吃什么，而且要注意怎么吃。

产后饮食原则

增加餐次

每日可进食5次左右，即三餐之外有2~3次加餐，少食多餐。

干稀搭配、粗细搭配

每餐食物既有干也有稀，做到干稀搭配。主食应该粗细搭配。

荤素搭配

产妇的饮食种类要齐全，不偏食。偏食肉类食物或过食荤食，不仅不利于消化，反而会导致其他营养素不足。荤素搭配有利于蛋白质互补、促进食欲，还可预防疾病发生。

清淡适宜

月子里的饮食应清淡适宜，即在调料上（花椒、辣椒粉、料酒等）应少于一般人的量。少吃腌制食品、刺激性食品（如某些香辛料）。

补充钙质

多食含钙丰富的食品，例如乳制品（酸奶、鲜牛奶含钙量最高，并且易于人体吸收）。小鱼、小虾含钙丰富，可以连骨带壳食用。深绿色蔬菜、豆类也可提供优质的钙。

宜温不宜凉

从中医学观点来看，产后食物宜温不宜凉，温能促进血液循环，寒则易凉血。因此，产妇要忌生冷食物，尽量少吃凉拌菜、冷菜及冷饮，如西瓜、冰棒、冰淇淋等。新鲜水果有促进食欲、助消化与通便的作用，产妇可以每天食用一些温水浸泡过的水果。

多食带汤的菜

产褥期饮食烹调方法应以食物易消化为原则，要多食带汤的菜肴，如炖鸡汤、排骨汤、牛肉汤、猪蹄汤、鱼汤等，也可多吃些鸡蛋汤、豆腐汤、青菜汤。少用煎、炸等不易消化的烹调方法。为防止便秘，产妇也要吃些粗粮。

多吃软烂的食物

软是指食物烧煮方式应以细软为主。产妇的饭要煮得软一点，少吃油炸的食物，少吃坚硬的带壳的食物。

多食调护脾胃的食物

产妇在月子期要注意调护脾胃、促进消化，多食一些健脾、开胃、促进消化的食物，如山药、山楂糕（片）、红枣、西红柿等。山楂除了有开胃、助消化的功用外，还可活血化淤、促进子宫复原。

产后饮食禁忌

产妇产后只要合理饮食，均衡营养，就可以很快恢复身体。所以，新妈妈们不必给自己太大的心理压力。但一些常规的饮食禁忌还是需要注意的。

忌大量摄入盐

坐月子期间，产妇应尽量控制盐的摄入，如咸菜等腌制类食物应少食，以免出现产后水肿。

忌食用反季节的蔬菜水果

反季节的蔬果营养含量比当季的要差一些，而且可能含有催熟剂等，经哺乳会影响宝宝健康。

忌食用寒凉性食物

产妇食用的食物最好都是温热的，包括水果，建议用热开水温一下再吃。

忌久喝红糖水

产后适量喝红糖水，对产妇和婴儿都有好处。因产妇分娩时，精力和体力消耗非常大，加之失血，产后还要给宝宝哺乳，需要碳水化合物和大量的铁质。红糖不仅能补血，还能提供热量，是我国传统的滋补佳品。但红糖水也不是喝得越多越好，产后喝红糖水的时间，以7～10天为宜。

忌滋补过量

一般女性分娩后，为了补充营养，让奶汁分泌充足，都特别重视产后的滋补，经常是天天不离鸡、餐餐有鱼肉。其实这样滋补过量易导致肥胖，肥胖会使体内糖和脂肪代谢失调，进而引起各种疾病。另外，如果产妇食物营养太丰富，必然使乳汁的脂肪含量增多，婴儿经胃肠吸收，也容易导致肥胖。

忌食用巧克力

产妇在产后需要给宝宝喂奶，如果过多食用巧克力，对宝宝的发育会产生不良的影响。因为巧克力中所含的咖啡因，会渗入母乳并在宝宝体内蓄积，可能损伤宝宝的神经系统和心脏，还会导致宝宝消化不良、睡眠不稳、哭闹不停。另外，产妇食用过多的巧克力，还会影响食欲，使身体发胖，造成身体必需的营养素缺乏，影响自身身体健康，也不利于宝宝的生长发育。

忌过早、过多食用老母鸡汤

产妇分娩后体内血液的雌激素浓度会大大降低，这时催乳素就会发挥作用，促进乳汁分泌。而老母鸡含有

丰富的雌性激素，产后过早过多地食用老母鸡汤，会使血液中的雌激素增多，造成催乳素的作用减弱甚至消失，影响乳汁分泌。所以，产后不能过早食用老母鸡汤，要等到分娩5天后再开始喝。鉴于产妇分娩后体质虚弱，胃肠功能尚未完全恢复，而且分娩过程中体内损失大量水分，因此产后第一天应吃流质食物，多喝一些高热量的饮品，如红糖水、红枣汤、杏仁茶等。第二天则可吃些稀软的半流食，如嫩鸡蛋羹等。此外，产后前3个月是减肥、恢复身材的最佳时间，如果仍像怀孕时一个人吃两个人的量或者过度进补，不仅会错过瘦身的最佳时机，也会带来一系列不良后果，如皮肤松弛、出现皱纹等。

适宜产妇食用的水果

　　水果含有丰富的维生素，产妇应多食。但水果也分寒性和温性，产妇食用时要有所选择。在这里，我们推荐一些适合产妇食用的水果。

橄榄

　　橄榄味甘、略酸，性平，有清热解毒、生津止渴之效。孕妈妈及哺乳期妇女常食橄榄，有助于宝宝脑部的发育。

榴莲

　　榴莲味甘性热，盛产于东南亚，有"水果之王"的美誉。因其性热，能壮阳助火，对加强血液循环有良好

的作用。产后虚寒者不妨适量摄取。

　　但榴莲性热，不易消化，多吃易上火。与山竹搭配食用，可减弱其热性。但剖宫产后患有小肠粘连的产妇应慎食。

木瓜

　　木瓜味甘，性温，其营养成分主要有糖类、膳食纤维、蛋白质、B族维生素、维生素C、钙、钾、铁等。木瓜有降压、解毒、消肿、驱虫、促进乳汁分泌、消脂减肥等功效。

　　我国自古就有用木瓜来催乳的传统。木瓜中含有一种木瓜蛋白酶，有高度分解蛋白质的能力，鱼肉、蛋类等食物在极短时间内便可被它分解成人体很容易吸收的养分，直接刺激母体乳腺的分泌。同时，木瓜又被称为乳瓜，产妇产后乳汁稀少或乳汁不下，可将木瓜与鱼同炖后食用。

葡萄

　　葡萄味甘酸，性平，有补气血、强筋骨、利小便的功效。因其含铁量较高，可补血养颜，常食可消除困倦乏力，是健体延年的佳品。女性产后失血过多，可多食葡萄。

菠萝

　　菠萝味甘、酸，性平，产于两广一带，有生津止渴、助消化、利尿的功效。菠萝富含维生素 B_1，可消除疲劳、增进食欲，有益于产妇产后恢复。

桂圆

　　桂圆又称龙眼，味甘，性温，产于两广等地。桂圆可益心脾、补气血、安神，是著名的补品。产后体质虚弱的女性，适当吃些新鲜的桂圆或干燥的桂圆肉，既能补脾胃之气，又能补心血不足。

橘子

　　橘子中含有丰富的维生素C和钙质，维生素C有

增强血管壁弹性和韧性的作用，可预防出血。产妇生产后子宫内膜有创面，出血较多，吃些橘子，可预防产后继续出血。钙是构成宝宝骨骼和牙齿的重要成分，产妇吃些橘子，能够通过乳汁把钙质提供给宝宝，促进宝宝牙齿、骨骼的生长。

苹果

苹果味甘，性平，含有丰富的膳食纤维，有生津、解暑、开胃的功效，可促进肠道蠕动，减少便秘的发生。

山楂

山楂中维生素和矿物质很丰富，营养价值很高。山楂中含有大量的山楂酸、柠檬酸，有生津止渴、活血散淤的作用。产妇生产后往往食欲不振、口干舌燥，适当吃些山楂，能够增进食欲、帮助消化，有利于促进身体的康复。另外，山楂有活血散淤的作用，能帮助排出子宫内的淤血，从而减轻腹痛感。

香蕉

香蕉中含有大量的膳食纤维，有通便的功效。产妇生产后要卧床休息，胃肠蠕动能力较差，常常发生便秘，适量吃些香蕉能预防产后便秘。

月子期食物红黑榜

红榜食物

鸡蛋

鸡蛋含有丰富的优质蛋白质，蛋黄中还含有丰富的卵磷脂，这些都是促进宝宝脑部发育的必需物质。妈妈们每天适当吃一些鸡蛋，有利于自身体力的恢复和宝宝的生长发育，每天 2 ~ 3 个就足够。

蔬菜和水果

每天要摄入 400 ~ 500 克的蔬菜。水果每天则要保证摄入 200 ~ 300 克，最好选择平性或温性的水果，如苹果、柑橘、荔枝等，脾胃虚寒的妈妈最好不要吃梨、香蕉等寒性或凉性的水果。

牛奶

牛奶含大量蛋白质、钙、维生素 A 和维生素 D，对妈妈们的健康恢复以及乳汁分泌很有好处。

芝麻

芝麻富含蛋白质、不饱和脂肪酸、钙、铁、维生素 E 等营养素。

鸡汤、鱼汤、肉汤

月子期喝汤对新妈妈身体补水和乳汁分泌都十分有益。这是因为这类汤中含有易被人体吸收的蛋白质、维生素及矿物质。但要注意适量摄取。

小米

小米中铁、维生素 B_1、维生素 B_2 的含量要比大米高。妈妈月子期常吃小米粥有利于体力恢复。

红糖

红糖性温，能活血化淤、补充铁质。因为红糖有活血的作用，所以产后食用不要超过 10 天；曾患有妊娠糖尿病的妈妈或孕前即有糖尿病的妈妈则不宜食用。

黑榜食物

味精等调味料

妈妈食用后，通过母乳传递给宝宝，久之会导致宝宝缺锌，出现味觉减退、厌食等症状。

含咖啡因的食物

浓茶、咖啡等食物中的咖啡因可通过乳汁进入宝宝体内，容易使宝宝发生肠痉挛和无故啼哭现象。

寒凉性食物

若产后进食生冷或寒凉性食物，不利于妈妈身体的恢复。

辛辣性食物

韭菜、蒜、辣椒等辛辣性食物易造成妈妈和喝母乳的宝宝大便秘结。

根据体质安排产后饮食

寒性体质

特性：面色苍白，怕冷或四肢冰冷，口淡不渴，大便稀软，尿频、量多、色淡，痰涎清，涕清稀，舌苔白，易感冒。

适用食物：这种体质的产妇胃肠虚寒、手脚冰冷、血液循环不良，应吃较为温补的食物，如四物汤或十全大补汤等，原则上不能吃得太油腻，以免腹泻。食用温补的食物或药补可促进血液循环，达到气血双补的目的，使筋骨较强健，腰背也较不会酸痛。

忌食：寒凉性蔬果，如西瓜、葡萄柚、柚子、梨、杨桃、香瓜、哈密瓜等。

宜食：荔枝、桂圆、苹果、樱桃、葡萄。

热性体质

特性：面红目赤，怕热，四肢或手足心热，口干或口苦，大便干硬或便秘，痰涕黄稠，尿量少、色黄赤、味臭，舌苔黄或干，舌质红赤，口腔易溃疡，皮肤易长痘疮或发生痔疮等症。

适用食物：宜用食物来滋补，例如鱼汤、排骨汤等，蔬菜类可选丝瓜、冬瓜等有降火作用者，或吃青菜豆腐汤。腰酸的人食用杜仲猪腰汤即可，这样不会上火。

不宜多吃：荔枝、桂圆、榴莲。

少量食用：柳橙、草莓、葡萄。

中性体质

特性：不热不寒，不会特别口干，无常发作之病。

适用食物：饮食上较容易选择，可以食补与药补交叉进行，没有什么特别问题。如果补了之后口干、口苦或长痘疮，就停一下药补，吃些降火的蔬菜，也可喝一小杯不冰的纯柳橙汁或纯葡萄汁。

月子妈妈的饮食误区

误区一：高蛋白多多益善

正解：蛋白质充足、不过量，保证均衡营养。

民间认为，产后气血大亏，需要大补大养。因此，主张坐月子应该吃得越多越好，而且多半是鸡、鸭、鱼肉及蛋类。其实，这样做并不科学，产褥期的妈妈比平时多吃些鱼、禽肉、蛋、奶等食品，以补充优质蛋白质，这是非常必要的，既有助于体力的恢复，又有利于乳汁的分泌，促进宝宝的生长发育。但是，蛋白质并非越多越好。蛋白质过多不但会加重胃肠道负担，还会引起消化不良、其他营养相对缺乏，易引起其他疾病。另外，过量的食物摄入也是造成肥胖的原因。

营养建议：妈妈每天吃鸡蛋2～3个，鱼、禽肉类200克，奶及奶制品250～500毫升，豆制品50～100克，蛋白质就足够了，再吃些其他食物，如粮谷、蔬菜等，营养就更全面了。

误区2：不能吃蔬菜和水果

正解：摄入足够的新鲜蔬菜和水果。

民间流传着产后不能吃生冷或凉性食物，普遍认为蔬菜水果都是寒凉性的，因此，许多妈妈在坐月子时不吃蔬菜水果。其实，这种顾虑是多余的。新鲜蔬菜水果含有多种维生素、矿物质、膳食纤维、果胶、有机酸等成分，可增进食欲，增加胃肠蠕动，防止便秘，促进乳汁分泌，是妈妈们不可缺少的食物。妈妈们在分娩过程中体力消耗大，腹部肌肉松弛，加上卧床时间长，运动量减少，使得肠蠕动变慢，极容易发生便秘。如果再禁食蔬菜水果，不仅会引发便秘、痔疮等疾病，还会造成微量元素的缺乏。

营养建议：妈妈们每天吃蔬菜400～500克，水果200～300克，要选择有色蔬菜，尤其是绿色蔬菜。

误区3：汤比肉更有营养

正解：肉比汤的营养更丰富，汤和肉应一起吃。

根据营养学研究，鸡汤、鱼汤、肉汤等汤类不仅味道鲜美，还能刺激胃液分泌，帮助消化，尤其是汤中还含有一定量的可溶性氨基酸、维生素和矿物质等营养成分。从生理上讲，妈妈们的基础代谢比一般人高，容易出汗，又要分泌乳汁哺育宝宝，所以，需水量比一般人高，妈妈们多喝一些汤是有益的。但是，不要错误地理解"汤比肉更有营养"，只喝汤不吃肉的做法是不科学的。因为蛋白质、维生素、矿物质等营养物质主要存在于肉中，溶解在汤里的只有少数，肉比汤的营养要丰富得多。

营养建议：肉和汤一起吃，既保证获得充足营养，又能促进乳汁分泌。

误区 4：喝骨头汤补钙最好

正解：奶类是最佳补钙食品。

妈妈们在产后担负着分泌乳汁、哺育宝宝的重任，对钙的需求量往往较大。若膳食中钙供给不足，母体就会动用自身骨骼中的钙，以满足乳汁分泌的需要。这样一来，易造成骨质疏松，对产褥期乃至今后的健康将带来不利影响。有人认为，产后要补钙，最佳的办法就是多喝骨头汤。其实，骨头汤中虽然含有钙，但量不多，补钙的最佳食品是奶和奶制品，不仅含钙多，人体吸收率也高，是天然钙的极好来源。

营养建议：哺乳期妈妈们每天应该喝 250 ~ 500 毫升牛奶，并多食用含钙丰富的食品，如小虾皮、小鱼（连骨吃）、芝麻酱、豆腐、海带、芹菜等，以达到补钙的目的。

误区 5：喝牛奶和吃鸡蛋补铁

正解：动物肝脏、动物血、瘦肉类是含铁丰富且利用率高的食品。

民间常说的"贫血"，大部分是由缺铁引起的。产后妈妈们对铁需要量大，容易发生缺铁性贫血。有人认为，多吃鸡蛋、多喝牛奶就可以纠正贫血。其实，这是不正确的。虽然牛奶含蛋白质、钙等很丰富，是一种营

养较为全面的食物，但含铁却很少，是一种"贫铁食品"。鸡蛋中含铁量略高，但由于蛋黄中含卵黄高磷蛋白，会干扰铁的吸收。因此，仅吃鸡蛋、喝牛奶是不能纠正贫血的。

营养建议：妈妈们应多吃瘦肉、动物肝脏和动物血，同时补充维生素 C，以促进铁的吸收。

月子小贴士

妈妈的体力正在恢复之中，保证充足的睡眠仍然很重要。妈妈们可以逐渐恢复平时的起居习惯，但不可过度劳累，以免影响乳汁的正常分泌。每天的睡眠时间应保持在 10 个小时左右。

百合猪蹄汤

主料
水发百合 30 克, 西芹 50 克, 猪蹄 200 克, 葱 5 克, 姜 5 克,
花生仁适量, 清汤适量

配料
盐 3 克

做法
❶ 将水发百合洗净; 西芹择洗干净, 切段; 猪蹄洗净,
斩块; 花生仁洗净备用。

❷ 净锅上火, 倒入清汤, 调入盐, 下入葱、姜、猪蹄
烧开, 撇去浮沫, 再下入水发百合、西芹、花生仁煲
至熟即可。

滋补保健功效

本品清香淡爽, 常食有养心润肺之功效。百合和猪
蹄搭配熬汤食用, 可加速新陈代谢, 延缓机体衰老, 对
产妇恢复身体也有很好的作用。

板栗红烧肉

主料

板栗 250 克，五花肉 300 克，葱段适量，姜片适量

配料

食用油适量，白糖适量

做法

❶ 五花肉洗净，切块，汆水后捞出沥干。

❷ 板栗煮熟，去壳取肉备用。

❸ 油锅烧热，投入姜片、葱段爆香，放入肉块煸炒，再加入白糖、清水烧沸，撇去浮沫，炖至肉块酥烂；倒入板栗，待汤汁浓稠，拣去葱、姜，即可起锅装盘。

滋补保健功效

　　有"干果之王"之美誉的板栗和补虚强身的五花肉搭配食用，味道香绵酥软，有助于产妇恢复体力，但不可多食。

百合脊骨煲冬瓜

主料

鲜百合 80 克，猪脊骨 200 克，冬瓜 80 克，枸杞子 10 克，葱 2 克

配料

盐 3 克

做法

❶ 百合、枸杞子分别洗净；冬瓜去皮后洗净，切块备用；猪脊骨洗净，剁成块；葱洗净，切成葱花。

❷ 锅中注水，下入猪脊骨，加盐，大火煮开。

❸ 再倒入百合、冬瓜、葱花和枸杞子，转小火熬煮约 2 个小时，至汤色变白即可。

滋补保健功效

　　本品浓郁香滑。养心安神的百合、利水消肿的冬瓜和猪脊骨搭配，不仅能养心安神、益气强身，还能提高产妇乳汁的质量。

板栗排骨汤

主料
鲜板栗 250 克，猪排骨 200 克，胡萝卜 1 根

配料
盐 3 克

做法
❶ 板栗入沸水中用小火煮约 5 分钟，捞起剥壳、膜。

❷ 猪排骨剁块，放入沸水中汆烫，捞起，洗净；胡萝卜削皮，洗净切块。

❸ 将以上材料放入锅中，加水没过材料，以大火煮开，转小火续煮 30 分钟，加盐调味即可。

滋补保健功效

板栗味道香甜可口，且含有丰富的不饱和脂肪酸，具有健脾养胃、补肾强筋的功效；猪排骨是强壮筋骨的佳品。两者搭配煲汤，很适合产妇滋补身体之用。

桂圆山药红枣汤

主料
桂圆肉 30 克，新鲜山药 150 克，红枣 10 克

配料
冰糖适量

做法
❶ 山药削皮后洗净，切小块。

❷ 红枣洗净。

❸ 锅中加适量清水煮开，加入山药煮沸，再下红枣。

❹ 待山药熟透、红枣松软，将桂圆肉剥散加入；待桂圆之香甜味渗入汤中即可熄火，可酌加冰糖提味。

滋补保健功效

　　本汤品有养血安神、益智宁心、延缓衰老的功效，是月子餐里不可多得的营养汤品，冬季食用还有御寒暖身的作用。

板栗桂圆炖猪蹄

主料
新鲜板栗 200 克，桂圆 20 克，猪蹄 1 只

配料
盐 3 克

做法
❶ 板栗入开水煮 5 分钟，捞起剥壳、膜，洗净沥干；猪蹄斩块，入开水氽烫捞起，再冲净。

❷ 将板栗、猪蹄盛入炖锅，加水没过材料，以大火煮开，转小火炖约 30 分钟。

❸ 桂圆剥散，加入续煮 5 分钟，加盐调味即可。

滋补保健功效
　　本品浓香可口。益气补肾的板栗、健脾养血的桂圆和猪蹄搭配食用，对产妇产后体虚有很好的食疗作用。

益智仁鸡汤

主料
鸡翅 200 克，益智仁 10 克，枸杞子 15 克，竹荪 5 克，鲜香菇 20 克

配料
盐 3 克

做法
❶ 将主料分别洗净，益智仁用棉布袋包起备用。

❷ 鸡翅剁块；竹荪泡软，挑除杂质，切段；香菇去蒂。

❸ 将益智仁、枸杞子、鸡翅、香菇和水一起放入锅中，炖煮至鸡肉熟烂，放入竹荪，煮约 10 分钟，加盐调味即可。

滋补保健功效
　　益智仁性温，味辛，入心、脾、肾经，有温肾固精、温脾止泻的作用。搭配鸡翅、枸杞子、竹荪、香菇熬汤，产妇食用有补虚益气的作用。

白萝卜丝煮鲫鱼

主料
鲫鱼1条，白萝卜80克，葱段5克，彩椒2克

配料
盐3克，食用油适量

做法

❶ 白萝卜洗净，去皮切丝。

❷ 彩椒洗净切丝。

❸ 鲫鱼处理干净，下热油锅略煎，再加适量水煮开。

❹ 下入白萝卜丝煮熟，加盐调味，撒上葱段和彩椒丝即可出锅。

滋补保健功效

　　本品清香可口、不油腻，常食有益气、通乳之功效。其中的鲫鱼有益气、利水、通乳的作用，产后乳汁缺少者宜食此汤品。

冰糖蹄髈煲

主料
猪蹄髈750克，葱15克，姜5克

配料
盐适量，冰糖适量

做法

❶ 猪蹄髈处理干净；葱洗净，一半切段，一半切丝；姜去皮洗净，切片。

❷ 锅中倒水烧开，放入猪蹄髈、葱段及姜片煮开，捞起，沥干，盛入砂锅中；加入冰糖、盐及适量水，小火煮熟，盛盘，撒上葱丝即可。

滋补保健功效

　　猪蹄髈中含有丰富的蛋白质、脂肪以及碳水化合物，可加速新陈代谢、延缓机体衰老。月子期的产妇食用，能起到催乳和美容的双重作用。

草菇虾仁

主料
虾仁 300 克，草菇 150 克，胡萝卜 50 克，罗勒叶适量

配料
盐 3 克，食用油适量，淀粉适量

做法
❶ 虾仁洗净后拭干，拌入淀粉、少许盐腌 10 分钟。

❷ 草菇洗净，切块，焯烫；胡萝卜去皮后切片；罗勒叶洗净。

❸ 将油烧至七成热，放入虾仁过油，待弯曲变红时捞出；余油倒出，另用油炒胡萝卜片和草菇，然后将虾仁回锅，加入剩余盐炒匀，盛出，饰以罗勒叶即可。

滋补保健功效

　　本品口感爽滑、馨香，产妇食用，不仅能促进食欲、强身健体，还能补充钙质。

参芪鸭煲

主料

净鸭1只，党参5克，黄芪3克，陈皮1克，猪瘦肉100克，葱段20克，姜片10克，清汤60毫升

配料

盐适量

做法

❶ 党参、黄芪洗净；陈皮洗净，切丝。

❷ 净鸭处理干净，剁块后盛入砂锅中。

❸ 猪瘦肉洗净切块，氽水，入砂锅。

❹ 加入其他主料和配料，中火烧沸后改小火焖至鸭肉烂熟即成。

滋补保健功效

中药党参、黄芪搭配鸭肉熬汤，不仅美味，还有健脾益肺、益气养血的作用，对产妇产后体虚有很好的食疗功效。

东坡肉

主料
五花肉 150 克，西蓝花 30 克，葱适量，姜块适量

配料
白糖适量，盐适量，食用油适量

做法
❶ 将五花肉洗净，入锅煮至八成熟；西蓝花洗净，掰成小朵，焯熟；葱洗净，切段；姜洗净后拍烂。

❷ 油锅烧热，放入白糖炒出糖色，放入五花肉翻炒着色。

❸ 砂锅中垫上一个小竹架，铺上葱段、姜块，摆上五花肉，加盐和适量水。

❹ 盖上盖，焖 2 个小时，至皮酥肉熟时盛盘，摆上西蓝花即可。

滋补保健功效
本品色泽红亮，香软而不腻，有滋阴润燥的功效，很适合产妇在月子中后期滋补身体之用，但要注意适量食用。

萝卜焖牛腩

主料
牛腩 200 克，白萝卜 80 克，枸杞子 3 克，高汤适量，葱 5 克，香菜段适量

配料
盐 3 克

做法
❶ 牛腩洗净，切长块；白萝卜洗净去皮，切长块；枸杞子洗净；葱洗净，切段。

❷ 锅内注高汤，放入牛腩、枸杞子焖煮约 20 分钟，放入白萝卜、葱段，焖煮至熟，调入盐，撒上香菜段即可。

滋补保健功效
牛腩性温，多食易上火；白萝卜性寒，和牛腩搭配，可起到寒热中和的作用。产妇食用，有益气养血、强身健体的功效。

冰糖湘莲甜汤

主料
干莲子 200 克，枸杞子 25 克，红枣 20 克

配料
冰糖 10 克

做法
1. 干莲子泡清水 1 个小时后去心，放入碗内加温水，上笼蒸至软烂；枸杞子、红枣洗净。
2. 炖锅置中火上，放入清水，加入莲子、枸杞子、红枣炖 30 分钟后，转小火；加入冰糖，炖至莲子浮起即可。

滋补保健功效
　　本品清甜可口，莲子、枸杞子和红枣搭配熬汤，有滋补肝肾、补血安神的作用，对产妇有很好的滋补作用。

枸杞子蛋包汤

主料
枸杞子 5 克，鸡蛋 2 个

配料
盐 3 克

做法
1. 枸杞子用水泡软。
2. 锅中加水煮开后转中火，打入鸡蛋。
3. 将枸杞子放入锅中和鸡蛋同煮，待熟加盐调味即可。

滋补保健功效
　　本品色泽诱人、滑嫩美味，产妇食用有滋补肝肾、强身健体的作用。

党参豆芽骶骨汤

主料
党参 15 克，黄豆芽 50 克，猪尾骶骨 1 副，西红柿 1 个

配料
盐 3 克

做法

❶ 猪尾骶骨切段，氽烫后捞出，冲洗干净。

❷ 黄豆芽冲洗干净。

❸ 西红柿洗净，切块。

❹ 将猪尾骶骨、黄豆芽、西红柿和党参放入锅中，加适量水以大火煮开，转用小火炖 30 分钟，加盐调味即可。

滋补保健功效

本品浓郁香滑，有增强机体免疫力的作用。其中的党参是补中益气、生津、健脾的佳品。

172

豆角炖排骨

主料
扁豆角 100 克，猪排骨 400 克，土豆 80 克

配料
盐 5 克，食用油适量

做法
❶ 将猪排骨洗净，斩块，放入沸水中煮去血污，捞起备用；土豆去皮，洗净切块。

❷ 扁豆角择去头尾及老筋后洗净，投入热油锅中略炒。

❸ 锅上火，加入适量清水，放入猪排骨、扁豆角、土豆，用大火炖约 1 个小时，调入盐，续炖入味即可。

滋补保健功效
　　猪排骨中含有丰富的蛋白质、矿物质以及卵磷脂，和豆角搭配食用，不仅味道鲜美，还能维护骨骼健康，适合产妇滋补之用。

胡萝卜鲫鱼汤

主料
鲫鱼 1 条，胡萝卜 80 克，葱段 2 克，姜片 2 克

配料
盐适量，食用油适量

做法
❶ 鲫鱼处理干净，在两侧切上花刀，在热油锅中翻煎 5 分钟；胡萝卜去皮洗净，切方丁。

❷ 净锅上火倒入水，调入盐、葱段、姜片，下入鲫鱼、胡萝卜煲至熟即可。

滋补保健功效
　　抗癌防衰、清肝明目的胡萝卜和鲫鱼搭配熬汤，有滋补强身的功效，可促进产妇身体恢复和分泌乳汁。

豆腐鲫鱼汤

主料

豆腐 200 克，鲫鱼 1 条，姜 10 克，葱 15 克

配料

盐 3 克，香油 4 毫升

做法

❶ 豆腐洗净，切成小方块；鲫鱼宰杀洗净。

❷ 姜去皮后洗净切丝；葱洗净切丝。

❸ 锅中注适量水，放入豆腐煮一会儿。

❹ 再放入鲫鱼、姜丝、葱丝和盐，煮至熟透，淋入香油即可。

滋补保健功效

本品烹饪简单、营养丰富。鲫鱼和豆腐搭配，肉嫩汤鲜，常食有益气通乳的作用，产妇食用能促进乳汁分泌。

胡萝卜煲脊骨

主料
荸荠 80 克，胡萝卜 80 克，猪脊骨 300 克，姜 10 克，
葱花 5 克，高汤适量

配料
盐 3 克

做法
❶ 胡萝卜洗净，切滚刀块；姜去皮洗净，切片；猪脊骨
洗净斩块；荸荠去皮洗净备用。

❷ 锅中注水烧开，放入猪脊骨氽烫去血水，捞出沥水。

❸ 将高汤倒入锅中，加入以上所有材料煲 1 个小时，调
入盐，撒上葱花即可。

滋补保健功效

本品汤色淡雅清新，香味醇厚。胡萝卜和荸荠饱吸
肉骨味，脆嫩多汁，清甜可口，产妇常食可增强免疫力。

枸杞子春笋

主料
春笋 300 克，枸杞子 25 克，葱花适量

配料
盐适量，食用油适量，白糖适量，水淀粉适量

做法

❶ 将春笋去掉壳和外衣，切成细丝。

❷ 枸杞子浸透泡软；笋丝投入开水锅中，焯水后捞出，沥干水分。

❸ 锅中加油烧热，投入枸杞子煸炒，再放入笋丝、盐、白糖和少量水烧 1 ~ 2 分钟，用水淀粉勾芡，撒上葱花即成。

滋补保健功效

　　枸杞子有滋补肝肾、补血益精的作用；春笋有清热化痰、益气和胃的作用，对产后虚热、心烦有一定的食疗效果。

馍片烤鸭

主料
挂炉烤鸭 1 只，馍片 200 克

配料
盐适量，白醋适量，香油适量

做法

❶ 用白醋、盐、香油调成味汁。

❷ 把烤鸭剁成 4 厘米长、3 厘米宽的长方块。

❸ 馍片铺盘底，放上烤鸭，蘸汁食用即可。

滋补保健功效

　　本品肉质细嫩、味道醇厚，且营养丰富，产妇食用有滋阴养颜的作用。

红枣鸭子

主料

鸭半只,猪骨 200 克,红枣 125 克,葱末 10 克,姜片 10 克,清汤适量

配料

冰糖汁适量,食用油适量,盐适量,水淀粉适量

做法

❶ 鸭洗净后汆水,用盐抹遍全身,放入七成热的油锅中炸至微黄捞起,沥油后切条待用;红枣洗净备用。

❷ 锅置于大火上,入清汤、猪骨、炸鸭煮沸,去浮沫,下姜、葱、冰糖汁、盐,转小火煮。

❸ 至七成熟时放入红枣,待鸭熟枣香时捞出,鸭脯朝上摆盘。

❹ 用水淀粉将原汁勾芡,淋遍鸭肉即可。

滋补保健功效

本品肉质鲜美、甜美可口,有促进食欲、补虚益气的作用。

腐竹瘦肉鲫鱼汤

❸ 锅中倒入鲜汤及水烧开，下入猪瘦肉、姜、葱煮熟。

❹ 待熟后，再下入鲫鱼、腐竹，稍煮后调入白糖、盐、白醋即可食用。

主料
鲫鱼 1 条，猪瘦肉 200 克，腐竹 15 克，姜片 10 克，葱段 10 克，鲜汤适量

配料
白糖 2 克，盐 3 克，白醋 3 毫升

做法
❶ 将鲫鱼去鳃、鳞，剖去内脏，洗净，切成两段。

❷ 猪瘦肉洗净，切成方块；腐竹泡发切段。

滋补保健功效

腐竹含有丰富的蛋白质和矿物质，有补脑益智、强健骨骼的作用；鲫鱼性平，味甘，有和中补虚的作用，搭配猪瘦肉熬汤，很适合产妇滋养身体之用。

黑豆排骨汤

主料
黑豆 30 克，猪排骨 100 克，葱花 5 克，姜丝 5 克

配料
盐适量

做法
❶ 将黑豆、猪排骨洗净，猪排骨剁块。

❷ 将适量水放入锅中，开中火，待水开后放入黑豆及猪排骨、姜丝熬煮。

❸ 待食材煮软至熟后，加入盐调味，撒上葱花即可食用。

滋补保健功效

　　本品含有丰富的蛋白质、B 族维生素及胡萝卜素等营养物质，产妇食用有补肾利水、补虚强身的作用。

虫草花炖老鸭

主料
老鸭 200 克，枸杞子 20 克，杏仁 20 克，虫草花 5 克，百合 20 克

配料
盐 2 克

做法
❶ 老鸭洗净，斩块；虫草花、枸杞子、百合、杏仁均洗净。

❷ 锅内放水烧沸，放老鸭肉氽去血水后，捞出。

❸ 另起一锅，放老鸭肉、虫草花、枸杞子、百合、杏仁，加适量清水一起炖。

❹ 等肉熟后加盐调味即可。

滋补保健功效

　　本品鲜香可口，可作为体质虚弱者的保健食疗佳品。产后体虚的产妇常食，有助于身体的恢复和强健。

酱烧春笋

主料

春笋 300 克，姜末 5 克，鲜汤适量，彩椒 5 克

配料

蚝油 5 毫升，甜面酱 5 毫升，食用油适量，白糖适量，香油适量

做法

❶ 春笋削去老皮，洗净，切成长条，放入沸水中焯一会儿。

❷ 彩椒洗净，切丝。

❸ 锅中加油烧热，放入姜末炝锅，再放入笋条翻炒。

❹ 放入鲜汤，烧煮至汤汁快干时调入蚝油、甜面酱、白糖、香油，炒匀后装盘，撒上彩椒即可。

滋补保健功效

春笋清淡鲜嫩，营养丰富，含有丰富的植物蛋白质、膳食纤维以及钙、磷、铁等人体必需的营养成分，产妇适量食用还有瘦身纤体的作用。

黄焖鸭肝

主料
鸭肝 200 克，香菇 50 克，清汤 300 毫升，葱段 10 克，
姜片 5 克

配料
食用油适量，白糖适量，甜面酱适量

做法
❶ 将鸭肝洗净氽水，切条。

❷ 香菇洗净对切后，焯水。

❸ 油锅烧热，下白糖炒色，加清汤、葱、姜、香菇煸炒，
制成料汁装碗。

❹ 另起油锅，用中火烧七成热，加甜面酱煸出香味，
加鸭肝、清汤、料汁煨炖 5 分钟，装盘即成。

滋补保健功效

鸭肝富含维生素 A、维生素 E 以及胡萝卜素、铁等
营养物质，具有补血养颜、养肝明目的作用，是产妇理
想的补血佳品。

鸡肉丸汤

主料
鸡肉丸 300 克，葱白 8 克，上海青 10 克，彩椒碎适量，高汤适量

配料
盐 3 克

做法

❶ 将鸡肉丸稍洗备用。

❷ 葱白洗净，切段。

❸ 上海青洗净，取嫩叶。

❹ 净锅上火倒入适量高汤，下入鸡肉丸、上海青及葱段，调入盐烧开，撒入彩椒碎即可。

滋补保健功效

本品做法简单、营养丰富，产妇食用具有滋补强身的作用。

胡萝卜炒猪肝

主料
猪肝 250 克，胡萝卜 150 克，葱末 5 克，姜末 5 克

配料
盐 2 克，食用油适量

做法

❶ 胡萝卜、猪肝均洗净，切成薄片。

❷ 锅中倒入清水，烧至八成开时，放入猪肝片，至七成熟时捞出沥水。

❸ 锅内加油烧热，爆香姜末，加胡萝卜略炒，倒入猪肝，加盐快速翻炒至熟，撒上葱末即可。

滋补保健功效

猪肝中铁质丰富，是补血食品中最常用的食物。食用猪肝可调节和改善贫血患者造血系统的生理功能，很适合产后失血过多的产妇食用。

鸡蛋蒸日本豆腐

主料
鸡蛋 1 个，日本豆腐 200 克，彩椒碎 10 克，葱花 5 克

配料
盐 3 克，食用油适量

做法
① 日本豆腐切成 2 厘米厚的段。

② 将切好的日本豆腐放入盘中，打入鸡蛋置于日本豆腐中间，撒上盐。

③ 将盘置于蒸锅上，蒸至鸡蛋熟，连盘取出；另起锅置火上，加油烧热，下入彩椒碎稍炒，放在蒸好的豆腐上，撒上葱花即可。

滋补保健功效
　　日本豆腐又称鸡蛋豆腐，既具有豆腐之爽滑鲜嫩，又有鸡蛋之美味清香。产妇搭配鸡蛋食用，有滋补养颜的作用。

红煨土鸡

主料
土鸡 800 克，蒜苗叶 50 克，彩椒块 15 克，姜片适量

配料
食用油适量，盐适量，白糖适量

做法
① 土鸡处理干净，切块；蒜苗叶洗净，切段。

② 油锅烧热，放入鸡块、姜片、盐炒至熟，放入白糖和适量水，转小火约煨 30 分钟，再转大火烧一会儿。

③ 撒上蒜苗叶、彩椒块即可。

滋补保健功效
　　土鸡相比较普通的鸡，肉更加结实，含有丰富的蛋白质、微量元素等多种营养素，脂肪的含量也比较低，很适合产妇食用。

酱香白肉卷

主料
五花肉 300 克，蒜苗 50 克，米粉 50 克，姜 20 克

配料
盐 3 克，甜面酱适量，水淀粉适量

做法

❶ 五花肉洗净，煮熟后切片；姜去皮洗净，切末；蒜苗洗净，切段。

❷ 米粉泡发洗净，入沸水中焯熟，捞出沥干，切长段。

❸ 用五花肉将米粉和蒜苗裹成肉卷，入锅蒸熟。

❹ 将姜末、盐、甜面酱、水淀粉入锅调成酱料汁，淋在肉卷上即可。

滋补保健功效

五花肉性平，味甘、咸，入脾、胃、肾经，有滋阴润燥之功效，对产后体弱、燥咳、便秘等病症有很好的辅助治疗作用，但要注意适量食用。

金枝玉叶

主料

芥蓝叶 100 克,豆腐 150 克,干黑木耳 15 克,彩椒 8 克,百合 10 克,红椒圈少许

配料

食用油适量,盐适量

做法

❶ 黑木耳泡发后洗净,撕小朵;百合泡发后洗净;芥蓝叶洗净,入沸水焯熟;豆腐洗净,切块;彩椒洗净,切片。

❷ 油烧热,放入豆腐炸至金黄色,捞起控油,同芥蓝叶一起摆盘。另起油锅,放入黑木耳、百合、彩椒炒熟,调入盐,起锅盛盘,用红椒圈装饰即可。

滋补保健功效

芥蓝含有有机碱,可刺激人的味觉神经,增进食欲,搭配豆腐、黑木耳、百合食用,营养丰富。产妇食用,有促进消化、排毒瘦身的作用。

红豆牛奶汤

主料
红豆 15 克，鲜牛奶 500 毫升

配料
果糖 5 克

做法

❶ 红豆洗净，提前浸泡 8 个小时。

❷ 红豆放入锅中，加适量清水，开中火煮约 30 分钟，转小火后再焖煮约 30 分钟。

❸ 将红豆、果糖、鲜牛奶放入碗中，搅拌混合均匀即可食用。

滋补保健功效

　　牛奶能养颜美容，让皮肤白皙、光滑细腻；红豆则富含铁质，有补血和利水消肿之功效，产妇食用有很好的滋补作用。

煎酿香菇

主料
香菇 200 克，猪肉末 300 克，葱 5 克，高汤适量

配料
食用油适量，盐适量，蚝油适量

做法

❶ 香菇洗净，去蒂托；葱择洗净，切末；猪肉末放入碗中，调入盐、葱末拌匀。

❷ 将拌匀的猪肉末酿入香菇中。

❸ 平底锅中注油烧热，放入香菇煎至八成熟，调入蚝油和高汤，煮至入味即可盛出。

滋补保健功效

　　香菇是高蛋白、低脂肪、多氨基酸和多维生素的菌类食物，产妇食用有提高免疫力的作用。

糯米藕丸

主料
莲藕 200 克，糯米 60 克，香菜 2 克，彩椒适量

配料
盐 3 克，香油适量，淀粉适量

做法

❶ 莲藕去皮洗净，剁蓉；糯米洗净备用；彩椒去蒂洗净，切圈；香菜洗净切碎备用。

❷ 将剁好的莲藕与淀粉加适量清水、盐，搅成泥状，做成丸子，然后粘上糯米，入蒸锅蒸熟取出摆好盘。

❸ 淋上香油，用香菜、彩椒点缀即可。

滋补保健功效

　　莲藕富含淀粉、蛋白质、B 族维生素、维生素 C 以及磷、铁等多种矿物质，有强壮筋骨、滋阴养血的作用，适合月子中后期食用。

莲子猪肚

主料
猪肚 1 个，莲子 50 克，葱 10 克，姜 5 克

配料
盐 3 克，香油 6 毫升

做法

❶ 莲子泡发洗净，去心；猪肚洗净，内装莲子，用线缝合；葱、姜洗净后切丝。

❷ 将猪肚放入锅中，加清水炖至熟透，捞出晾凉，切成细丝，同莲子放入盘中。

❸ 调入葱丝、姜丝、盐和香油，拌匀即可。

滋补保健功效

　　莲子富含营养物质，有养心安神、益肾固精的功效；猪肚有补中益气、助消化的作用。两者搭配，有补虚益气的作用，产妇常食有益健康。

牛肉冬瓜汤

主料

牛肉 300 克，冬瓜 100 克，葱段 5 克

配料

香油适量，豉汁适量，盐适量，白醋适量

做法

❶ 牛肉洗净，切成薄片；冬瓜去瓤及青皮洗净，切成小块。

❷ 将清水烧沸，加入牛肉片、冬瓜块、葱段，煮沸后改用小火久炖。

❸ 至肉熟烂时，加香油、盐、白醋、豉汁拌匀即成。

滋补保健功效

　　本品烹饪简单、营养丰富。牛肉有补中益气、健养脾胃、强壮筋骨的作用；冬瓜有利水消肿的作用。产妇食用有利于身体恢复。

金针菇牛肉卷

主料

金针菇 250 克，牛肉 100 克，彩椒 15 克，芹菜叶适量

配料

食用油适量，烧烤汁适量

做法

❶ 牛肉洗净，切成长薄片。

❷ 彩椒洗净，部分切丝，部分切丁备用。

❸ 金针菇洗净。

❹ 用牛肉片将金针菇、彩椒丝卷成牛肉卷。

❺ 锅中注油烧热，放入牛肉卷煎熟，淋上烧烤汁，撒上彩椒丁和芹菜叶即可。

滋补保健功效

金针菇具有抵抗疲劳、抗菌消炎的作用，和牛肉搭配食用，对产后体虚、易疲劳的产妇有很好的食补作用。

党参炖鸡

主料
鸡 300 克，党参 5 克，姜 3 克

配料
盐 3 克

做法
❶ 鸡宰杀洗净，下沸水中汆烫后捞出沥干。

❷ 党参洗净沥干。

❸ 姜洗净拍破。

❹ 锅中倒水烧开，下入鸡和党参、姜炖煮约 2 个小时。

❺ 出锅，加盐调味即可。

滋补保健功效
　　鸡肉有温中补脾、益气养血的作用；党参是补中益气、生津的良药。两者搭配食用，很适合产后脾肺气虚、气血不足的产妇滋补身体之用。

老鸭汤

主料
净鸭 300 克，竹笋 100 克，党参 10 克，枸杞子 10 克

配料
盐 3 克，香油适量

做法
❶ 净鸭洗净斩块，汆水后捞出；竹笋洗净，切成片；党参、枸杞子泡水，洗净。

❷ 砂锅倒入开水烧热，下入鸭、竹笋、党参、枸杞子大火炖开后，改小火炖 2 个小时至肉熟。

❸ 放入盐调味起锅，淋上香油即可。

滋补保健功效
　　老鸭汤是夏季清补佳品，有滋五脏之阴、清虚劳之热的作用，搭配枸杞子、竹笋、党参，营养更加丰富，适合产妇滋补之用。

莲子百合汤

主料
莲子 80 克，百合 30 克，黑豆 20 克，鲜椰汁适量

配料
冰糖 3 克

做法
1. 莲子洗净；百合浸泡，洗净；黑豆提前用温水泡发。
2. 水烧开，下黑豆，用大火煲 30 分钟，撇去浮出的豆壳，下莲子、百合，用中火煲 45 分钟。
3. 改用小火煲 1 个小时，下冰糖，待溶，加入椰汁即成。

红毛丹银耳汤

主料
西瓜 200 克，红毛丹 100 克，银耳 50 克

配料
冰糖 2 克

做法
1. 银耳泡水，去除蒂头后切小块，放入沸水锅中煮至熟软，捞起沥干；西瓜去皮，切小块；红毛丹去皮、去籽，取肉。
2. 冰糖加适量水熬成汤汁，放凉。
3. 西瓜、红毛丹、银耳、冰糖水放入碗内，拌匀即可。

滋补保健功效
　　莲子是滋养的药食两用食物，能养神安宁、降血压；百合能清肺润肺，产妇食用有安神宁心的功效。

滋补保健功效
　　红毛丹有滋养身体、润发美肤之功效，搭配银耳熬汤，产妇食用有养颜、排毒、瘦身的作用。

蜜橘银耳汤

主料
银耳 50 克，蜜橘 100 克

配料
白糖 5 克，水淀粉适量

做法
❶ 银耳水发后放入碗内，上笼蒸 30 分钟取出。

❷ 蜜橘剥皮去筋，成净蜜橘肉；将汤锅置大火上，加入

适量清水，将蒸好的银耳放入汤锅内，再放蜜橘肉、白糖煮沸。

❸ 用水淀粉勾芡，待再次煮沸时，盛入汤碗内即成。

滋补保健功效

蜜橘富含维生素 C 与柠檬酸，有美容、消除疲劳的作用；银耳是一味滋补良药，有补脾开胃、养阴润肺的作用。产妇经常食用此汤，还有排毒瘦身的作用。

五彩三黄鸡

主料

三黄鸡 350 克，白菜 60 克，紫甘蓝丝 5 克，黄瓜 10 克，西红柿 15 克，薄荷叶 2 克，胡萝卜丝 2 克，鸡汤适量

配料

食用油适量，盐适量

做法

❶ 三黄鸡处理干净，煮熟后浸冷水斩块；白菜洗净切片；黄瓜、西红柿洗净后切片。

❷ 起油锅，待油六成热时，放入白菜、黄瓜、西红柿，炒至断生后加盐调味，装盘，摆上鸡肉。

❸ 锅加鸡汤烧开，入盐调味后均匀淋在摆好的鸡肉上，用紫甘蓝丝、薄荷叶、胡萝卜丝装饰即可。

滋补保健功效

　　三黄鸡肉质细嫩、皮薄、肌间脂肪少、肉味鲜美，很适合产妇滋养身体之用。

精品烤鸭

主料

鸭 1 只，葱段 5 克，蒜末 5 克，姜片 5 克

配料

盐适量，糖浆 20 毫升

做法

❶ 鸭处理干净，内外抹上盐，放在大容器中，倒入葱段、蒜末、姜片，腌渍入味。

❷ 将腌渍好的鸭肉放沸水中汆一下，捞出沥水。

❸ 将糖浆均匀涂在鸭的表面。

❹ 将鸭放进烤箱中烤熟，取出摆盘即可。

滋补保健功效

　　鸭肉性寒，味甘、咸，归脾、胃、肺、肾经，可大补虚劳、滋五脏之阴，对产后体虚、营养不良等症有很好的滋补作用。

木瓜汤

主料

木瓜 100 克，银耳 30 克，香菇 15 克，红枣 10 克，黄豆芽 20 克，胡萝卜 30 克

配料

食用油适量，盐适量

做法

❶ 黄豆芽洗净；木瓜洗净，不去皮切块、去籽，切成条；胡萝卜去皮洗净，切条；香菇去蒂洗净，切丝；红枣洗净；银耳泡发去蒂，撕小块。

❷ 起油锅，将黄豆芽炒香。

❸ 以上所有主料转入锅中，加水，以中火煮滚后，转小火慢慢煮 60 分钟，再加盐调味即可。

滋补保健功效

本汤品营养丰富，产妇食用有排毒瘦身、美容养颜的作用。

清炖牛肉

主料
牛肉 400 克，白萝卜 80 克，胡萝卜 80 克，香菜叶 8 克，葱 5 克，姜 5 克，清汤适量

配料
食用油适量，盐适量

做法
❶ 牛肉洗净切块，汆水；白萝卜、胡萝卜洗净切块。

❷ 葱洗净切段；姜洗净，切片；香菜叶洗净。

❸ 油锅烧热，爆香姜片，注入清汤及牛肉块炖煮 30 分钟。

❹ 调入盐，加白萝卜、胡萝卜、葱段炖煮 30 分钟，撒上香菜叶即可。

滋补保健功效

牛肉是补气血的佳品，可治疗由气血虚弱引起的脾胃虚弱，对面黄肌瘦以及产后气血亏虚者有很好的食疗作用。

青豆党参排骨汤

主料
青豆 50 克，党参 10 克，猪排骨 100 克

配料
盐适量

做法
❶ 青豆洗净；党参润透后切段。

❷ 猪排骨洗净，斩块，汆烫后捞起备用。

❸ 将上述主料放入锅内，加水以小火煮约 45 分钟，再加盐调味即可。

滋补保健功效
青豆富含不饱和脂肪酸和大豆磷脂，和党参、猪排骨搭配，产妇食用有补虚益气的作用。

藕节排骨汤

主料
藕节 100 克，胡萝卜 150 克，猪排骨 250 克，姜 5 克

配料
盐 3 克

做法
❶ 藕节刮去须、皮，洗净，切滚刀块；胡萝卜洗净，切块；姜洗净切片。

❷ 猪排骨斩块，洗净，汆水。

❸ 将清水放入瓦煲内，煮沸后加入以上主料，大火煲滚后，改用小火煲 3 个小时，加盐调味即可。

滋补保健功效
莲藕含铁量较高，常吃可预防缺铁性贫血，和胡萝卜、猪排骨搭配食用，对产妇有益气补血、补虚强身的作用。

香菇拌豆角

主料
嫩豆角 300 克，香菇 60 克，玉米笋 100 克

配料
白糖 3 克，盐适量，香油适量

做法
❶ 香菇洗净泡发，切丝，煮熟，捞出沥水。

❷ 豆角洗净切段，烫熟，捞出待用。

❸ 将玉米笋切成细丝，焯熟，放入盛豆角段的盘中，再将煮熟的香菇丝放入，加入盐、白糖拌匀，腌 10 分钟，淋上香油即可。

滋补保健功效

　　本品清香爽口、味道鲜美。豆角含有丰富的蛋白质和膳食纤维；香菇是高蛋白、低脂肪的佳品，很适宜产妇食用。

笋菇菜心汤

主料
冬笋 100 克，水发香菇 50 克，菜心 150 克，素鲜汤适量

配料
盐 3 克，食用油适量

做法
❶ 冬笋洗净，斜切成片；香菇洗净去蒂，切片；菜心洗净稍焯，捞出。

❷ 炒锅加油烧热，将冬笋片下锅过油，捞出沥油。

❸ 净锅加素鲜汤烧沸，放入冬笋片、香菇片，煮沸后再放入菜心，加盐调味即可。

滋补保健功效

　　冬笋含有丰富的胡萝卜素、B 族维生素、维生素 C 等营养成分，搭配香菇、菜心熬汤食用，有增强免疫力、排毒养颜的作用。

胡萝卜排骨汤

主料

胡萝卜 80 克，小排骨 300 克，当归 3 克，红枣 10 克，鲜干贝 3 颗，泡发黑木耳 15 克，罗勒叶适量

配料

盐 3 克

做法

❶ 当归洗净，用棉布袋包起。

❷ 红枣洗净，备用。

❸ 小排骨汆烫后洗净；胡萝卜、黑木耳均洗净切块。

❹ 将棉布袋放入水中煮开，放入红枣、黑木耳、胡萝卜和小排骨，熬煮 40 分钟后取出药材包，转大火煮开，放入鲜干贝，煮开后加入盐调味，放入罗勒叶装饰即可。

滋补保健功效

猪排骨营养丰富，产妇月子期间食用能为身体补充多种营养物质。另外，干贝非常适合产后虚弱的女性进补。

山药羊排煲

主料
羊排 250 克，山药 100 克，枸杞子 5 克，葱花 6 克，香菜碎 5 克

配料
食用油适量，盐适量

做法

❶ 羊排洗净、切块，汆水。

❷ 山药去皮，洗净切块。

❸ 枸杞子洗净备用。

❹ 炒锅上火倒入油，将葱花爆香，加入水，下入羊排、山药、枸杞子，调入盐，煲至熟时撒入香菜碎即可。

滋补保健功效

　　本品是冬季的滋补佳肴，含有人体必需的多种氨基酸、优质蛋白质、矿物质及维生素，适合产妇滋补身体之用。

拌笋尖

主料
笋尖 200 克，彩椒碎 10 克，香菜 5 克，蒜末 10 克

配料
盐 3 克，香油 5 毫升

做法

❶ 笋尖洗净切粗丝，入沸水中焯熟。

❷ 将彩椒碎、蒜末、盐、香油一起拌匀做成调味汁。

❸ 将笋尖装盘。

❹ 淋入调味汁，撒上香菜，搅拌均匀即可食用。

滋补保健功效

　　笋味甘、性微寒，含有丰富的蛋白质、膳食纤维、钙、磷等营养物质，具有益气和胃、宽肠通便等功效，适合产妇食用。

美味清远鸡

主料
清远鸡 1 只，葱丝 10 克，芹菜叶适量，姜末 10 克

配料
盐适量，食用油适量

做法

❶ 清远鸡处理干净，用盐腌渍 30 分钟。

❷ 鸡煮熟后浸入冷水，待鸡肉冷却后捞出，晾干，在鸡皮上涂上油，盛入碟中，饰以芹菜叶。

❸ 葱、姜分别装在小碗中，碗内加少许盐，冲入热油，制成味碟蘸食。

滋补保健功效

　　鸡肉有温中益气、健脾胃、强筋骨的功效，对营养不良、乏力疲劳的产妇有很好的滋补作用。

什锦猪蹄煲

主料
猪蹄 250 克，豆苗 80 克，火腿 50 克，冬笋 80 克，高汤适量，姜片 4 克

配料
食用油适量，盐适量，香油适量

做法
❶ 将猪蹄洗净、切块、氽水。

❷ 豆苗洗净。

❸ 火腿、冬笋洗净切丁备用。

❹ 炒锅上火倒入油，将姜炝香，倒入高汤，下入猪蹄、豆苗、冬笋、火腿，调入盐煲至熟，淋入香油即可。

滋补保健功效
豆苗含丰富的 B 族维生素、维生素 C 和胡萝卜素，有利尿、消肿和助消化的作用。搭配猪蹄、火腿、冬笋食用，对产妇有益气、美容养颜的功效。

枸杞子猪蹄汤

主料
枸杞子 10 克，薏苡仁 50 克，猪蹄 200 克，胡萝卜 100 克，姜片 3 克

配料
盐 3 克

做法
❶ 将枸杞子、薏苡仁分别洗净泡水，放入锅中；胡萝卜洗净切块，入锅。

❷ 猪蹄洗净，剁小块，氽烫后入锅。

❸ 锅中加入姜片、水，煮开后以小火煮约 30 分钟，捞出棉布袋，熬煮至猪蹄熟透，加盐调味即可。

滋补保健功效
枸杞子和富含胶原蛋白的猪蹄搭配食用，不仅有助于产妇滋补身体，还有很好的美容、通乳作用。

山药猪胰汤

主料
猪胰 200 克，山药 100 克，红枣 10 克，姜 10 克，葱段 10 克

配料
盐 3 克，香油适量

做法

❶ 猪胰洗净切块；山药去皮，洗净切块；红枣洗净去核；姜洗净切片。

❷ 锅上火，注适量水烧开，放入猪胰稍煮片刻，捞起沥水。

❸ 将猪胰、山药、红枣、姜片、葱段放入瓦煲内，加水煲 70 分钟，调入盐拌匀，淋上香油即可。

滋补保健功效

猪胰味甘，性平，有健脾胃、助消化的作用，和补肾益精、健脾养胃的山药搭配食用，对脾胃虚弱的产妇有很好的食疗功效。

灵芝老鸭煲

主料

老鸭 450 克，黑豆 15 克，灵芝 10 克，枸杞子 2 克，桂圆肉 10 克，葱花 5 克，姜丝 5 克

配料

食用油适量，盐适量

做法

❶ 将老鸭洗净，氽水斩块备用。

❷ 黑豆洗净，提前泡发。

❸ 灵芝浸泡洗净；枸杞子洗净。

❹ 桂圆去外壳取肉。

❺ 炒锅上火倒入油，将姜丝、葱花炝香，倒入水，下入老鸭、黑豆、灵芝、桂圆肉、枸杞子，调入盐，煲至熟即可。

滋补保健功效

　　本品鲜香美味，除了老鸭，还含有黑豆、灵芝、枸杞子以及桂圆肉多种营养食品，其中的灵芝，有保肝解毒、改善心血管系统等多种作用，产妇食用具有很好的滋补作用。

清汤黄花鱼

主料
黄花鱼1条，葱花2克，姜片2克，彩椒丁少许

配料
盐3克

做法
❶ 黄花鱼处理干净备用。

❷ 净锅上火，倒入水，入姜片，下入黄花鱼煲至熟，调入盐。

❸ 撒上彩椒丁、葱花即可。

> **滋补保健功效**
> 本汤品鲜香可口，鱼肉鲜美滑嫩。月子期间的女性食用，不仅有利于通乳催奶，还有滋润皮肤的作用。

茯苓鱼头汤

主料
鱼头1个，天麻2克，茯苓2片，姜3片，枸杞子10克，葱2根

配料
盐适量

做法
❶ 天麻、茯苓洗净入锅，加水熬成汤；葱洗净，切段。

❷ 清洗干净鱼头，先以沸水汆烫一下。

❸ 将鱼头、姜片、枸杞子放入煮沸的天麻茯苓汤中，待鱼煮熟后放入盐、葱段即可。

> **滋补保健功效**
> 天麻有平肝息风、祛风止痛的作用；茯苓有利水渗湿、健脾宁心的作用。两者搭配鱼头熬汤，很适合产妇滋补之用。

木瓜炖银耳

主料
木瓜 1 个，银耳 30 克，猪瘦肉 100 克

配料
盐 3 克，白糖 2 克

做法

❶ 先将木瓜洗净，去皮、去籽、切块；银耳泡发洗净；猪瘦肉洗净切块。

❷ 炖盅中放水，将木瓜、银耳、猪瘦肉一起放入炖盅，炖制 1 个小时。

❸ 炖盅中调入盐、白糖拌匀，即可出锅食用。

滋补保健功效

　　木瓜含有丰富的木瓜蛋白酶，有助于滋润肌肤、排出体内毒素，和银耳搭配，有排毒瘦身的作用。

鲇鱼炖茄子

主料
鲇鱼 250 克，茄子 200 克，葱段 5 克，葱花 5 克，姜片 5 克，清鸡汤适量

配料
盐 3 克，酱油 6 毫升，食用油适量

做法

❶ 将鲇鱼去鳞、鳃及内脏，搓洗一下去表面的黏液，再放进沸水里氽烫一下后取出切成段。

❷ 将茄子洗净，切成块，用少许油炒软茄子，盛出。

❸ 油锅置于火上烧热，炒香葱段、姜片，加入清鸡汤，烧开后加入鲇鱼、茄子；再将酱油、盐调好，用小火炖 30 分钟，撒上葱花即可。

滋补保健功效

　　鲇鱼含有丰富的蛋白质和矿物质等营养素，是产后食疗滋补的必选食物。茄子的紫皮中含有丰富的维生素 E 和维生素 P，有活血化淤、清热消肿、宽肠之功效。

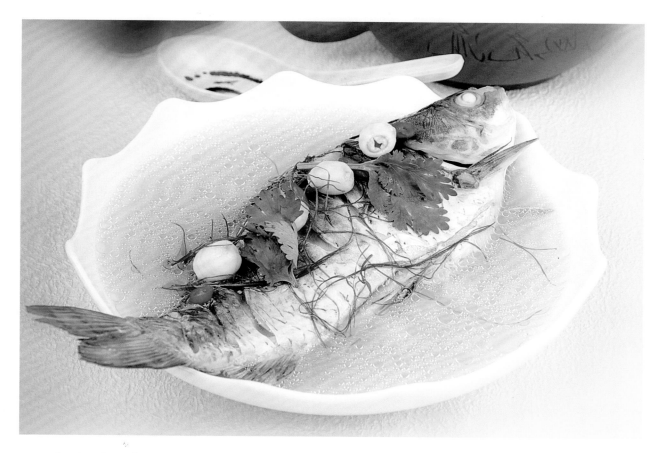

玉米须鲫鱼煲

主料

鲫鱼450克，玉米须10克，莲子5克，葱段5克，姜片5克，香菜叶2克，枸杞子2克

配料

食用油适量，盐适量

做法

❶ 将鲫鱼处理干净，在鱼身上打上几刀。

❷ 玉米须、香菜叶、莲子分别洗净备用。

❸ 锅上火倒入油，将葱、姜炝香，下入鲫鱼略煎，倒入水，调入盐，加入玉米须、枸杞子、莲子煲至熟，撒上香菜叶即可。

滋补保健功效

本品汤白肉鲜，常食有补虚养身、利水消肿的作用。产妇经常食用有助于乳汁分泌。

木瓜鲫鱼汤

主料

银耳 20 克，木瓜 200 克，鲫鱼 1 条，猪瘦肉 80 克，姜 2 片

配料

食用油适量，盐 3 克

做法

❶ 鲫鱼处理干净，斩块；炒锅加油烧热，爆香姜片，将鲫鱼两面煎至金黄色；猪瘦肉洗净，切成小块。

❷ 银耳浸泡，撕成朵，洗净；木瓜去皮、籽，洗净，切成块。

❸ 将清水放入瓦煲内，煮沸后加入以上主料，大火煲滚后，改用小火煲 2 个小时，加盐调味即可。

滋补保健功效

鲫鱼搭配滋阴润肺的银耳及平肝和胃、美容养颜的木瓜熬汤，不仅能润肺，还能促进乳汁的分泌。

西红柿猪肝汤

主料
西红柿 2 个，猪肝 100 克，金针菇 30 克，虾米 5 克

配料
盐 3 克，香油适量

做法

❶ 猪肝洗净切片；西红柿入沸水中稍烫，去皮、切条；金针菇、虾米洗净。

❷ 将切好的猪肝入沸水中氽去血水。

❸ 锅上火，加入适量清水，下入猪肝、金针菇、西红柿和盐一起煮 20 分钟，淋入香油，撒上虾米即可。

滋补保健功效

本品口感细嫩，味道鲜美，香醇可口，常食有健胃消食、养肝明目的作用。食欲不振的产妇最宜食用此汤。

208

香菇烧山药

主料
山药 150 克，香菇 50 克，板栗 80 克，上海青 80 克，枸杞子 3 克

配料
盐适量，食用油适量，水淀粉适量

做法

❶ 山药去皮洗净，切块；香菇洗净；板栗去壳、膜，洗净；上海青洗净。

❷ 板栗用水煮熟；上海青过水烫熟，放在盘中摆放好备用。

❸ 热锅下油，放入山药、香菇、板栗爆炒，调入盐，用水淀粉勾芡，装盘，用枸杞子装饰即可。

滋补保健功效
　　有延缓衰老、提高免疫力功效的香菇和补脾益气、助消化的山药搭配食用，有补虚益气的作用。

香煎肉蛋卷

主料
猪肉末 80 克，豆腐 50 克，鸡蛋 2 个，彩椒 10 克，葱末 8 克

配料
盐适量，食用油适量

做法

❶ 豆腐洗净剁碎；彩椒洗净切粒。

❷ 将猪肉末、豆腐、彩椒、葱末装入碗中，加入盐制成馅料。

❸ 平底锅烧热，将鸡蛋打散，倒入锅内，用小火煎成蛋皮；再把调好的馅用蛋皮卷成卷，入锅煎至熟，切段，摆盘即成。

滋补保健功效
　　本品鲜嫩美味、营养丰富，且易消化，很适合产妇滋补身体之用，常食有增强免疫力的功效。

椰芋鸡翅

主料

芋头 80 克，鸡翅 250 克，香菇 30 克，黑木耳 5 克，黄瓜片 20 克，胡萝卜花片 5 克，椰奶适量

配料

食用油适量，盐 3 克，白糖 3 克，香油适量，水淀粉适量

做法

❶ 香菇洗净；芋头去皮洗净，切块；鸡翅洗净，用盐腌 20 分钟。

❷ 黑木耳洗净泡发。

❸ 芋头、鸡翅入油锅中炸至金黄捞出。

❹ 将芋头、鸡翅放入锅中，加入白糖、椰奶、水大火煮开，再加入黑木耳、香菇焖 10 分钟，以水淀粉勾芡，淋上香油。

❺ 出锅，盛盘，用黄瓜片、胡萝卜花片装饰即可。

滋补保健功效

　　本品口感细软、绵甜香糯。芋头和补虚益气的鸡翅搭配，味道鲜香，产妇食用有强身健体的功效。

上海青香菇

主料
上海青 200 克，香菇 10 朵，高汤适量

配料
盐 3 克，食用油适量，白糖 2 克，水淀粉适量

做法
❶ 上海青洗净，对切成两半；香菇泡发洗净，去蒂，切小块。

❷ 炒锅入油烧热，先放入香菇炒香，再放入上海青、盐、白糖，加入高汤，加盖焖约 5 分钟，以水淀粉勾一层薄芡，即可出锅装盘。

滋补保健功效

香菇含有多种维生素、矿物质，能促进人体新陈代谢、提高免疫力；上海青中所含的矿物质能够促进骨骼的发育，加速人体新陈代谢，促进产妇的身体恢复。

鸭掌扣海参

主料
鸭掌 2 只，水发海参 2 个，上汤适量

配料
食用油适量，盐适量，蚝油适量，香油适量，水淀粉适量

做法
❶ 将鸭掌洗净，用热油炸至发白时捞出待用。

❷ 上汤加盐、蚝油调味，再放入鸭掌以小火煨至熟烂，加海参煨透，装盘。

❸ 将上汤烧开，用水淀粉勾芡，淋入香油，浇在鸭掌和海参上即可。

滋补保健功效

　　海参性温，味甘、咸，有增强记忆力、延缓衰老的作用；鸭掌中含有丰富的胶原蛋白，产妇食用具有美容养颜的作用。

樱桃肉

主料
五花肉 300 克，上海青 200 克，蒜末 5 克

配料
白糖 2 克，盐 3 克，食用油适量

做法
❶ 五花肉洗净，汆水后切块；上海青洗净，焯水后摆盘。

❷ 锅加油，烧热，放白糖炒色，放五花肉煸炒，加盐煸炒匀后倒入砂锅。

❸ 加水烧开，再改用小火煨至肉酥烂，放入蒜末调味，盛出放在上海青上即可。

滋补保健功效

　　本品像樱桃般鲜艳透红、亮丽诱人，产妇食用有补虚强身的作用。

阳春白雪

主料
鸡蛋 4 个，韭菜碎 3 克，彩椒 8 克

配料
盐 2 克，食用油适量

做法
① 彩椒洗净切粒。

② 鸡蛋取蛋清，用打蛋器打至起泡呈芙蓉状，待用。

③ 油锅烧热，下入芙蓉蛋稍炒盛出。

④ 原锅上火，下彩椒粒，加入盐炒熟，和韭菜碎一起撒在蛋上即可。

滋补保健功效

　　本品色泽诱人、鲜香可口、营养丰富，产妇食用具有滋补养身、美容养颜之功效。

鱼片豆腐汤

主料
黑鱼 1 条，豆腐 50 克，草菇 30 克，姜 2 克

配料
盐 2 克，食用油适量

做法
① 黑鱼处理干净，切成片；豆腐洗净切小块；草菇洗净，切片；姜去皮洗净，切片。

② 锅上火，加油烧热，下入鱼片过油，捞出。

③ 锅中加入鱼片、豆腐、草菇、姜和适量水，煮 30 分钟，调入盐即可。

滋补保健功效

　　本品汤鲜味美，产妇食用有增强免疫力、美容养颜之功效。

油鸭扣冬瓜

主料

冬瓜 100 克，油鸭腿 2 个，上汤 200 毫升，姜末 5 克，
葱花 5 克，香菜 5 克，黄瓜片 3 克

配料

盐 3 克，食用油适量

做法

❶ 冬瓜去皮洗净，切片；油鸭腿取肉切片。

❷ 将鸭肉放入冬瓜片中间，装碗。

❸ 锅中加油烧热，爆香姜末、葱花，加入上汤和盐煲滚，
淋入碗内再上锅蒸 20 分钟。

❹ 出锅倒扣入盘，用香菜、黄瓜片装饰即可。

滋补保健功效

　　油鸭有滋阴补虚的作用；冬瓜是清热利尿、减肥瘦
身的佳品。两者搭配能解鸭肉之油腻，产妇食用还有排
毒瘦身的功效。

玉米荸荠鸭

主料
老鸭1只，荸荠30克，玉米100克，姜片5克，葱段5克，香菜叶3克

配料
盐3克

做法
❶ 老鸭处理干净切块；玉米洗净切块；荸荠洗净去皮，切块。

❷ 将老鸭汆水，取出洗净；玉米焯水。

❸ 锅中加清水，加入除香菜外的所有主料，煮开后改小火煲1个小时，下盐调味，撒入香菜叶即可。

滋补保健功效

玉米中富含膳食纤维，能加速排出体内毒素，其所含的天然维生素E有美容养颜、延缓衰老的作用。搭配荸荠、老鸭烹调，不仅能滋补身体，还有助于产妇产后美体瘦身。

拌黄花菜

主料
干黄花菜 200 克，葱 3 克，彩椒碎 8 克

配料
盐 3 克，香油适量

做法
❶ 将干黄花菜放入水中仔细清洗后，捞出。

❷ 葱洗净，切葱花。

❸ 锅加水烧沸，下入黄花菜焯熟后，装入碗中。

❹ 撒上葱花、彩椒碎，用盐、香油拌匀即可。

胡萝卜炒豆芽

主料
胡萝卜 100 克，绿豆芽 100 克

配料
盐 3 克，食用油适量，白醋适量，香油适量

做法
❶ 胡萝卜去皮洗净，切丝；绿豆芽洗净备用。

❷ 锅下油烧热，放入胡萝卜、绿豆芽炒至八成熟，加盐、白醋、香油炒匀，起锅装盘即可。

滋补保健功效

黄花菜性平，味甘，有养血平肝、利尿消肿、补虚下乳的作用，很适合产后体虚、乳汁不畅的产妇食用。

滋补保健功效

绿豆芽有清暑热、利尿消肿的作用，和胡萝卜搭配食用，有利水消肿、排毒瘦身的作用。

雪花蛋露

主料
鸡蛋 2 个，枸杞子 2 克，香菜叶适量，鲜奶油适量，黄瓜片少许

配料
白糖适量

做法

❶ 鸡蛋打入碗中，加少许清水搅成蛋液；枸杞子泡发洗净，入沸水中焯透捞出备用。

❷ 鸡蛋入蒸锅蒸 10 分钟，取出；鲜奶油倒入碗中，加白糖搅拌均匀。

❸ 将奶油泡倒在蒸蛋上，用枸杞子、香菜叶、黄瓜片装饰点缀即可。

滋补保健功效

鸡蛋含有丰富的蛋白质、卵磷脂以及氨基酸，易消化吸收，对保护神经系统的功能有很好的作用，对产妇具有很好的滋补作用。

三黑白糖粥

主料
黑芝麻 10 克，黑豆 30 克，黑米 70 克

配料
白糖 3 克

做法
❶ 将黑米、黑豆均清洗干净，置于冷水锅中浸泡 30 分钟后捞出，沥干水分；将黑芝麻清洗干净。

❷ 锅中加适量清水，放入黑米、黑豆、黑芝麻以大火煮至开花。

❸ 再转小火将粥煮至浓稠状，调入白糖拌匀即可。

滋补保健功效
　　黑豆可强筋骨、补肾；黑米可健脾暖肝；黑芝麻富含蛋白质、钙、卵磷脂等多种营养成分。三者煮粥，特别适合产妇滋补之用。

芝麻拌芹菜

主料
西芹 300 克，彩椒 1 个，熟白芝麻 5 克，蒜末 3 克，罗勒叶适量

配料
盐 3 克，香油适量

做法
❶ 彩椒去蒂去籽，洗净切圈，盛盘垫底；西芹择洗干净，切斜片。

❷ 西芹入沸水中焯一下，装盘。

❸ 加入蒜末、盐、香油和熟白芝麻拌匀倒入盘中，饰以罗勒叶即可。

滋补保健功效
　　芹菜有平肝清热、排毒瘦身的作用；彩椒富含维生素 c，适合产妇食用。

木瓜排骨汤

主料
木瓜 300 克，猪排骨 200 克，姜 5 克

配料
盐 3 克

做法
❶ 木瓜削皮去籽，洗净切块；猪排骨洗净，斩块；姜洗净，切片。

❷ 木瓜、姜片、猪排骨一起放入锅里，加清水适量，用大火煮沸后，改用小火煲 2 个小时。

❸ 待熟后，调入盐即可。

滋补保健功效
　　木瓜口感好，营养价值高，有丰胸美容、催乳下奶的作用，和猪排骨搭配食用，很适合乳汁不畅的产妇食用。

冬瓜烧肉

主料
五花肉 200 克，冬瓜 100 克，鲜汤适量

配料
盐 3 克，白糖适量，食用油适量

做法
❶ 五花肉洗净，在表皮上剞"回"字花刀；冬瓜去皮、去籽，洗净，切条状。

❷ 油锅烧热，用白糖炒色，放入五花肉翻炒，放入冬瓜和鲜汤，加盐调味，用小火慢慢烧熟，盛盘即可。

滋补保健功效
　　冬瓜是清热消暑、利尿消肿的佳品；五花肉有滋补强身的作用。两者搭配很适合产妇食用。

木瓜炖甘蔗

主料
木瓜 250 克，荸荠 50 克，甘蔗 50 克，芹菜叶少许

配料
蜂蜜适量

做法
❶ 将木瓜洗净，去皮，去籽，切厚片。

❷ 荸荠去皮，洗净，切两半。

❸ 甘蔗斩段后破开。

❹ 将全部主料放入锅内，加水煮沸，小火炖 1 ~ 2 个小时。

❺ 炖好后，盛盘，淋上蜂蜜，用芹菜叶装饰即可。

滋补保健功效

甘蔗中含有丰富的糖分、水分、维生素、有机酸，有清热解毒、生津止渴的作用，产妇食用可以滋阴生津。

鲜果炒鸡丁

主料

鸡胸肉 100 克，木瓜丁 50 克，苹果丁 50 克，火龙果 50 克，哈密瓜丁 50 克，黄瓜 50 克，蛋清适量，姜末适量

配料

白糖适量，食用油适量，盐适量，水淀粉适量

做法

❶ 火龙果剖开，挖出果肉切丁。

❷ 黄瓜洗净，切片。

❸ 鸡胸肉洗净切丁，加盐腌渍入味，再加蛋清和水淀粉上浆，用热油将鸡丁滑熟倒出备用。

❹ 油锅烧热，下入姜末爆香，再加入鸡丁和水果丁，放盐和白糖炒匀，装盘，饰以黄瓜片、火龙果果皮。

滋补保健功效

本品清香爽口，产妇食用有增进食欲的作用。

桂花甜藕

主料

嫩莲藕 100 克，桂花 10 克，糯米 50 克，香菜叶、枸杞子各适量

配料

蜂蜜 8 毫升，冰糖 10 克

做法

❶ 糯米、桂花洗净。

❷ 莲藕去皮，洗净，灌入洗净的糯米（提前泡好）。

❸ 香菜叶洗净。

❹ 高压锅内放入灌好的莲藕、桂花、冰糖。

❺ 加水煲 1 个小时，晾凉，切成片，装盘，淋上蜂蜜，饰以香菜叶、枸杞子即可。

滋补保健功效

　　熟莲藕性温，味甘，有健脾开胃、益血补心、消食的功效，搭配桂花、糯米，软糯可口。产妇食用有补气养血、促进食欲的作用。

花豆煲脊骨

主料

花豆 300 克，猪脊骨 100 克，姜 5 克

配料

盐 3 克

做法

❶ 将花豆洗净泡发；猪脊骨洗净、斩段；姜洗净切片。

❷ 锅上火，加水烧沸，下入猪脊骨氽去血水后洗净。

❸ 将花豆、猪脊骨、姜放入锅中，加水煲熟，调入盐即可食用。

滋补保健功效

　　本品味道鲜美，营养丰富。其中的花豆含有丰富的蛋白质和多种氨基酸，具有增强免疫力的作用，对产妇有很好的滋补作用。

玉米排骨汤

主料
玉米粒 80 克，猪排骨 100 克，胡萝卜 150 克，姜片 4 克，香菜梗 3 克，清汤适量

配料
盐 3 克

做法
❶ 将玉米粒洗净；猪排骨洗净斩块、氽水；胡萝卜去皮洗净，切成粗条；香菜梗洗净。

❷ 净锅上火倒入清汤，入姜片，下入玉米粒、猪排骨、胡萝卜煲至熟，加盐调味，撒上香菜梗即可。

滋补保健功效
　　此品汤鲜味美，是一道很适合产妇食用的食补汤品，常食有强身健体的功效。

南瓜猪肝汤

主料
南瓜 200 克，猪肝 120 克，葱花适量

配料
盐 3 克

做法
❶ 将南瓜去皮、去籽，洗净切片。

❷ 猪肝洗净切片，煮熟备用。

❸ 净锅上火倒入水，调入盐，下入猪肝、南瓜煲至熟，撒上葱花即可。

滋补保健功效
　　南瓜和猪肝搭配熬汤，有健脾、养肝、明目、排毒的作用。产妇食用可促进身体的恢复。

豌豆猪肝汤

主料
豌豆300克，猪肝250克，姜5克，高汤适量

配料
盐3克

做法
❶ 猪肝洗净切成片。

❷ 豌豆在凉水中泡发；姜洗净切片。

❸ 锅中加水及高汤烧开，下入姜片、猪肝、豌豆一起煮40分钟，待熟，调入盐煮至入味即可。

滋补保健功效
　　豌豆中富含粗纤维，能促进大肠蠕动，润肠通便，起到排毒的作用；和猪肝搭配食用，具有补血养肝、排毒养颜的功效。

白萝卜炖牛肉

主料
白萝卜200克，牛肉300克，香菜段3克

配料
盐3克

做法
❶ 白萝卜洗净去皮，切块；牛肉洗净切块，汆水后沥干。

❷ 锅中倒水，下入牛肉和白萝卜煮开，转小火炖约60分钟。

❸ 加盐调味，撒上香菜段即可。

滋补保健功效
　　白萝卜有清热生津、凉血、下气宽中、消食化滞、润肺止咳的功效，搭配牛肉烹调，对产妇有滋补强身的作用。

南瓜虾米汤

主料
南瓜 300 克，虾米 20 克，葱花 3 克

配料
食用油适量，盐适量

做法
❶ 南瓜洗净，去皮切块。

❷ 锅加油烧热，放入南瓜块稍炒，加葱花、虾米，再炒片刻。

❸ 添水煮至熟，用盐调味即可。

滋补保健功效

南瓜中含有微量元素钴，食用后有促进造血的作用；虾米中含有丰富的蛋白质和矿物质，尤其是钙的含量极为丰富，产妇食用具有很好的滋补作用。

发菜炒丝瓜

主料

发菜 10 克，丝瓜 300 克，枸杞子 5 克，鸡汤适量

配料

食用油适量，盐适量

做法

❶ 丝瓜削皮洗净，切滚刀块。

❷ 枸杞子、发菜分别用清水浸泡。

❸ 炒锅加油，将丝瓜炒至七八成熟，放入枸杞子、发菜及鸡汤，煮沸，加盐调味，至丝瓜熟即可。

滋补保健功效

发菜有清热利尿、软坚化痰的作用；丝瓜有清热解毒、通乳的作用。产妇食用此菜品，对乳汁不通有很好的食疗作用。

首乌猪蹄汤

主料
猪蹄 400 克，何首乌 10 克，熟地黄 10 克，枸杞子 2 克，豆苗 3 克

配料
盐 3 克

做法
❶ 将猪蹄洗净，切块，汆水；豆苗、枸杞子、何首乌、熟地黄洗净备用。

❷ 净锅上火倒入水，放入盐、枸杞子、熟地黄、何首乌、豆苗，下入猪蹄煲至熟即可。

滋补保健功效
　　本品营养丰富，很适合产妇补益之用。其中的何首乌性微温，味甘、涩，无毒，有滋阴养血、润肠通便之功效。

莴笋猪蹄汤

主料
猪蹄 200 克，莴笋 100 克，胡萝卜 30 克，姜片 5 克，高汤适量

配料
盐 3 克

做法
❶ 将猪蹄斩块汆水；莴笋去皮洗净，切块；胡萝卜洗净切块，备用。

❷ 锅上火倒入高汤及水，放入姜片、猪蹄、莴笋、胡萝卜，调入盐，煲至熟即可。

滋补保健功效
　　莴笋含有丰富的营养成分，有利尿通乳、宽肠润便的作用，搭配猪蹄熬汤，很适合产后乳少的产妇食用。

大豆猪蹄汤

主料
猪蹄 1 只，大豆 45 克，上海青 10 克，枸杞子 2 克

配料
盐适量

做法
❶ 将猪蹄洗净、切块、汆水；大豆用温水提前泡发；
上海青、枸杞子洗净，备用。

❷ 净锅上火倒入水，调入盐，下入猪蹄、枸杞子、大
豆煲 70 分钟，放入上海青稍煮片刻即可。

滋补保健功效

　　大豆性平，味甘，入脾、大肠经，具有健脾宽中、
润燥、利水、益气的功效，搭配猪蹄熬汤，有健脾益气、
通乳催奶的作用。

冬瓜乌鸡汤

主料
冬瓜 100 克,乌鸡 150 克,香菜段 20 克,葱 3 克,姜 3 克,
红椒圈适量

配料
食用油适量,盐 2 克

做法

❶ 将冬瓜去皮、籽,洗净后切片;乌鸡洗净,斩块;葱
洗净切段;姜洗净切片。

❷ 净锅上火,倒入水,下入乌鸡余水,捞起洗净待用。

❸ 净锅上火,倒入食用油,将葱、姜炝香,下入乌鸡、
冬瓜煸炒,倒入水,调入盐煲至熟,撒入香菜段和红
椒圈点缀即可。

滋补保健功效

乌鸡有滋阴养血、补虚益气的作用,和冬瓜搭配,
营养更丰富,有滋养五脏的作用,男女老少皆宜食用。

鱼头枸杞子汤

主料

鲢鱼头 450 克，枸杞子 50 克，葱段 3 克，香菜叶少许，姜片 3 克

配料

食用油适量，盐适量

做法

❶ 将鲢鱼头处理干净，剁块。

❷ 枸杞子洗净。

❸ 锅上火倒入油，将葱、姜炝香，下入鱼头煸炒，倒入开水，加入枸杞子，煲至汤呈乳白色，调入盐，饰以香菜叶即可。

滋补保健功效

　　枸杞子含有丰富的胡萝卜素、多种维生素和钙、铁等多种营养物质，和鲢鱼头搭配熬汤食用，对产妇有补益肝肾、美容养颜的作用。

牛奶煲木瓜

主料

木瓜 200 克，牛奶适量

配料

蜂蜜适量

做法

❶ 将木瓜削皮去籽，切成大块。

❷ 砂锅内加适量水，上火煮开。

❸ 加入木瓜块、牛奶煮至熟，调入蜂蜜即可。

滋补保健功效

　　木瓜和牛奶搭配煲汤，汤色洁白，口味清爽。产妇食用有通乳催乳的作用。

芙蓉猪肉笋

主料

猪肉 100 克，笋干 100 克，香菇 5 朵，葱花 5 克，鸡蛋 3 个

配料

食用油适量，盐适量

做法

❶ 将猪肉洗净，切成片；笋干泡发后洗净，切粗丝；香菇洗净，切细丝备用。

❷ 将上述主料放入油锅中，放入盐炒熟备用。

❸ 将鸡蛋打入盘中，加入适量水，一起拌匀，放入锅中蒸 2 分钟至稍凝固；再将上述炒熟的主料倒入中间继续蒸 3 ～ 5 分钟至熟，撒上葱花即可。

滋补保健功效

本品色泽美观，香鲜可口。其中的香菇有"山珍之王"的美誉，常食能提高机体免疫力，产妇食用，有利于身体功能的恢复。

鲫鱼姜汤

主料
鲫鱼 1 条，姜 30 克，枸杞子 8 克，罗勒叶适量

配料
盐适量，香油适量

做法
❶ 将鲫鱼处理干净，切花刀。

❷ 姜去皮洗净，切菱形片备用。

❸ 罗勒叶洗净。

❹ 净锅上火倒入水，下入鲫鱼、姜片、枸杞子烧开，调入盐煲至熟，淋入香油装盘，饰以罗勒叶即可。

滋补保健功效

姜具有解表散寒、温中止呕、温肺止咳、解毒的功效，搭配鲫鱼熬汤，有温中益肺、暖身、通乳催乳的作用。

鱼块节瓜汤

主料
鲫鱼 200 克，节瓜 125 克，葱花 5 克，枸杞子 5 克

配料
盐 2 克，香油适量

做法
❶ 将鲫鱼处理干净，斩块后汆水。

❷ 节瓜洗净，切丝；枸杞子洗净备用。

❸ 净锅上火倒入水，调入盐，下入鲫鱼煲至熟，下入节瓜、枸杞子、葱花，煮沸 2 分钟，淋入香油即可。

滋补保健功效
　　节瓜有清热解暑、利尿消肿的作用，搭配鲫鱼熬汤，味道鲜美，产妇常食有增强免疫力之功效。

木瓜鱼尾汤

主料
鲢鱼尾 200 克，木瓜 80 克，葱适量

配料
盐适量，香油适量

做法
❶ 将鲢鱼尾处理干净，切成块。

❷ 木瓜去皮、去籽，洗净，切块备用。

❸ 葱洗净，切段。

❹ 净锅上火倒入水，下入鱼块、葱段、木瓜煮至熟，调入盐，淋入香油即可。

滋补保健功效
　　鲢鱼尾能健脾益气，配以木瓜煲汤，有健胃、通乳之功效。产妇产后体虚力弱，最宜食用木瓜鱼尾汤。

双山炖鲫鱼

主料
鲫鱼 1 条，山药 80 克，山楂卷 10 克，葱花 5 克，芹菜段 5 克，彩椒丁少许

配料
盐 3 克，香油适量

做法
❶ 将鲫鱼处理干净、斩块。

❷ 山药去皮，洗净后切块。

❸ 山楂卷切段备用。

❹ 净锅上火，倒入水，调入盐，下入鲫鱼、芹菜段、山药、山楂卷煲至熟，撒上葱花、彩椒丁，淋入香油即可。

滋补保健功效

　　补益脾肾的山药、开胃消食的山楂卷和鲫鱼搭配熬汤，能促进食欲、助消化、增强免疫力，产妇食用可促进身体复原。

干焖香菇

主料
水发香菇 250 克，葱 10 克，姜 5 克，高汤适量

配料
白糖适量，盐适量，食用油适量

做法
❶ 水发香菇洗净，用沸水焯一下，沥干水分。

❷ 葱洗净，切段。

❸ 姜洗净，切末。

❹ 起油锅，用葱段、姜末炝锅，加入白糖、盐、高汤和香菇，等汤汁收浓后起锅即可。

滋补保健功效

　　香菇性平，味甘，富含 B 族维生素、铁、钾、维生素 D、香菇多糖等营养素，有延缓衰老、提高免疫力的作用。

大白菜炒双菇

主料
大白菜 100 克，香菇 100 克，平菇 80 克，胡萝卜 30 克

配料
盐 3 克，食用油适量

做法
❶ 大白菜洗净切段。

❷ 香菇、平菇均洗净切块，焯烫片刻。

❸ 胡萝卜洗净，去皮切片。

❹ 净锅上火，倒油烧热，放入大白菜、胡萝卜翻炒。

❺ 再放入香菇、平菇，调入盐炒熟即可。

滋补保健功效

香菇和平菇营养美味，是深受人们欢迎的菌类食物，有抗病毒、抗肿瘤、强身的作用，产妇食用，可以帮助身体复原。

鸡汤煮干丝

主料
豆干丝 400 克，虾仁 20 克，青菜叶 20 克，彩椒 20 克，胡萝卜丝 15 克，鸡汤适量

配料
盐 3 克，香油适量

做法

❶ 豆干丝焯水备用；彩椒洗净，切成丝；虾仁、青菜叶均洗净。

❷ 起锅点火，倒入鸡汤，放入豆干丝，加盐煮开，再放入虾仁、青菜叶，大火煮 5 分钟。

❸ 放入彩椒丝、胡萝卜丝略煮，淋上香油即可。

滋补保健功效

　　豆干丝含有丰富的蛋白质和人体所需的多种氨基酸；虾仁是人体补充钙质的佳品。两者搭配鸡汤烹调，对产妇有很好的滋补作用。

蛋黄肉

主料
蛋黄 1 个，五花肉 200 克，鸡蛋清适量，香菜 5 克，鸡汤适量

配料
盐 3 克，香油适量，淀粉适量

做法

❶ 五花肉洗净，剁碎。

❷ 五花肉碎装入碗中，调入淀粉、鸡蛋清、盐、香油搅拌均匀，备用。

❸ 蛋黄在碗内搅匀，上面放好五花碎肉，倒入鸡汤，上锅蒸约 20 分钟，取出，倒入盘里，饰以香菜即可。

滋补保健功效

　　本品鲜香可口。蛋黄和五花肉搭配，香味浓郁，产妇食用，有增强免疫力的作用。

木瓜炖鹌鹑蛋

主料
木瓜 1 个，鹌鹑蛋 4 个，红枣 10 克，银耳 10 克

配料
冰糖 3 克

做法

❶ 银耳泡发洗净，撕碎；红枣洗净备用。

❷ 鹌鹑蛋煮熟，去壳洗净。

❸ 木瓜洗净，中间挖洞，去籽，放进冰糖、红枣、银耳、鹌鹑蛋，装入盘。

❹ 蒸锅上火，把盘放入蒸锅内，炖约20分钟至木瓜软熟，取出即可。

滋补保健功效

鹌鹑蛋有"动物中的人参"之美誉，常用作滋补的食疗品，搭配木瓜烹调，不仅能养颜，还能促进产妇乳汁的分泌。

双色蒸水蛋

主料
鸡蛋 6 个，青菜适量

配料
盐 3 克

做法
1. 将青菜洗净后切碎。
2. 取碗，用盐将青菜腌渍片刻，用力揉透至出水，再将青菜叶中的汁水挤干净。
3. 鸡蛋打入碗中拌匀加盐，再分别倒入鸳鸯碟的两边，在锅一侧放入青菜叶，入锅蒸熟即可。

滋补保健功效
　　本品鲜香滑嫩，滋补营养的同时，还有利于消化吸收。产妇常食有美容养颜的作用。

草菇圣女果

主料
草菇 100 克，圣女果 80 克，葱段 8 克，鸡汤 50 毫升

配料
盐 2 克，食用油适量，水淀粉 3 毫升

做法
1. 将草菇、圣女果洗净，切成两半。
2. 草菇用沸水焯至变色后捞出。
3. 锅置火上，加油，待油烧至七八成热时，倒入葱段煸炒出香味；放入草菇，加入鸡汤，待熟后放盐，用水淀粉勾芡，拌匀即可出锅，用圣女果装饰。

滋补保健功效
　　本品清新爽口。草菇和圣女果搭配，不仅能补脾益气、促进食欲，产妇经常食用，还能促进乳汁的分泌。

山楂山药鲫鱼汤

主料
鲫鱼 1 条，山楂 30 克，山药 80 克，姜 5 克，葱段 5 克

配料
盐适量，食用油适量

做法
❶ 将鲫鱼去鳞、鳃及肠脏，洗净切块；姜洗净，切片。
❷ 起油锅，用姜爆香，下鱼块稍煎，取出备用；山楂、山药洗净，山药去皮切块。

❸ 把以上主料一起放入锅内，加适量清水，大火煮沸，改小火煮 1 ~ 2 个小时，调入盐，撒上葱段即可。

滋补保健功效

山楂有活血化淤的作用，搭配山药、鲫鱼熬汤，有健脾益胃、消食化积的功效。另外，山楂有散淤作用，能帮助子宫复旧，有利于恶露排出，减轻腹痛。

240

百合红枣排骨汤

主料
百合 35 克，莲子 25 克，红枣 25 克，小排骨 200 克，胡萝卜 60 克

配料
盐 3 克

做法

❶ 百合、莲子、红枣分别洗净，百合、莲子泡水 10 分钟后沥干水分，备用。

❷ 小排骨切块，用热水汆烫后洗净；胡萝卜洗净去皮后，切小块，备用。

❸ 将百合、莲子、红枣、小排骨、胡萝卜和适量水一起放入锅中，用大火煮滚后转小火，熬煮约 1 个小时后，加入盐调味即可。

滋补保健功效

本品鲜香可口。养心安神的百合、补虚益气的红枣和小排骨搭配，营养丰富，有清心润肺的作用，很适合产妇产后补养身体之用。